LEE MING CHUAN'S
BEAUTY BOOK

一秒變美人。

手殘也ok的
美妝技巧、零失誤
穿搭術、精準保養法，
明川老師的心機懶
人包大公開。

李明川 著

Contents

目錄

Chapter.1　快問快答，搶救美麗

Part.1　保養篇

Part.2 美妝篇

Part.3 穿搭篇

Chapter.2　羨慕美肌速成法

Chapter.3　今天微整，明天變美

Chapter.4　不費力的心機美妝

Part.1　美妝小知識，一次搞懂

Part.2　秒速上手的美妝 step by step

Chapter.5　美妝保養品牌好好買 A to Z

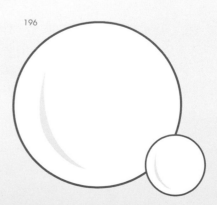

Chapter.1

快問快答，
搶救美麗

女生在選衣服、選高跟鞋，或是眉毛要不要畫超出眼尾，
哪些保養品該擦不該擦，這些無數美妝保養打扮的細節，
所形成的美麗選擇題，一不小心選錯，就是天堂地獄的差
別，因此，這個篇章明川老師將從保養、美妝、服裝三個
部分，舉出女生常見的問題，教妳最精準的選擇，讓妳免
於落入 NG 女孩的窘境。

Part .1
保養篇

Q1.

美白產品天天猛擦，
肌膚真的受得了嗎？

A:

美白保養的重點是讓肌膚變透亮，要真的變白，光靠擦保養品是不太可能，如果有什麼保養品讓你一擦就白，表示裡面要不加了粉、不然就是成分不單純，絕對不是每天擦美白就可以真的變成白富美。

Q2.

保濕和修護，
到底哪一個比較重要？

A:

保濕固然很重要，但是修護更重要，尤其現代人作息不正常、飲食習慣的改變，只做保濕是不夠的，讓肌膚恢復健康狀態的修護才是最重要的。

Focus!

Q3.

模仿女明星的保養手法，
絕對沒問題嗎？

A:

常常在節目上看到女明星拿著眼霜一會往前擦、一會往後擦，不然就是很自豪自己向上拉提做得多好，但殊不知這些小動作都可能誤導觀眾甚至讓大家保養愈做愈差，所以節目上女明星們的保養祕方不代表就一定適合妳。

Q4.

不擦隔離霜，
一樣可以保持好膚質嗎？

A:

說真的，隔離霜真的不是非擦不可，如果妳平常本來就有上妝習慣、或是整天坐在辦公室上班的人，我真的覺得沒有非擦不可，而且很多歐美品牌的原始產品線根本就沒有隔離霜這類產品，為了因應亞洲市場才生產隔離霜。事實上只要做好防曬、底妝夠服貼持久、卸妝認真點，妳會發現就算沒有擦隔離也同樣可以保持好膚質。

Q5.

**卸妝油、卸妝乳傻傻分不清楚，
到底該選哪一種？**

A:

卸妝可千萬不可以道聽途說，不管是淡妝、濃妝、底
妝還是彩妝，只要有化妝就是要卸妝，但除了膚質需求
之外，在挑選卸妝品的時候不要老是自己嚇自己，只
要記得無論是過度清潔或卸妝不夠都會產生肌膚問
題，卸妝用什麼產品其實跟妳是化怎樣的妝感
有絕對的關係。

Let's
Clean

Q6.

**早上洗臉不用洗面乳，
會不會洗不乾淨？**

A:

一覺醒來，臉上殘留的只有油分，而這些
油分只要靠溫水，甚至保養第一道的化
妝水就可以去除，所以早上沒用洗
面乳真的不會怎樣啦。

Q7.

**乳液是不是愈油愈好，
滋潤肌膚愈有效？**

A:

這個觀念某種程度上不能說不對，但乳液的質地好
不好、夠不夠滋潤，端看妳的肌膚是否可以吸收，
所以這題應該反過來問，就是妳是否了解自己
肌膚屬於哪種類型？以及妳是否有確實做好
去角質？因為不管乳液質地如何，如
果不能吸收都是枉然。

know how

Q8.

上妝真的可以防曬嗎？

A:

只要底妝成分具有防曬係數當然就能
達到防曬效果，但由於粉底容易脫
妝，所以如果單靠粉底防曬，
務必要認真補妝。

Q9.

去角質到底要多久去一次？

A:

去角質的時間沒有標準答案，因為每個人
膚質不盡相同，基本上一週兩次算是比較
正常合理的次數，但如果你平常卸妝清
潔做得好，一週一次甚至兩週一
次也沒關係的。

Q10.

眼霜幾歲開始擦，
擦多了是不是會長肉芽？

A:

所謂預防勝於治療，我會建議大家差不多 25 歲開
始擦眼霜，可以先從質地較輕的產品開始擦，然後
隨著眼周乾燥程度再做調整，而肉芽跟眼霜是不
是有直接的關係，皮膚科醫生都說其實跟卸
妝比較有關係，眼周卸妝不仔細會長肉
芽的機率比擦眼霜的機率還高
上許多。

Q11.

如果沒有化妝，
需要卸妝嗎？

A:

我最常被問這個問題，然後我的答案都是一樣的，那就是既然沒有化妝，到底為何要卸妝？事實上，清潔分成兩部分，卸妝是卸妝，洗臉是洗臉，沒有化妝的人，就是把臉洗乾淨就好。

Q12.

我又想要美白、又想要抗老，
然後保濕也要做，順序應該是怎樣？

A:

從肌膚結構來看，保養順序是先擦抗老，再來是美白，最後才是保濕，這樣才能讓保養成分真的到達需要被保養的肌膚部位。

Q13.

面膜真的可以天天敷嗎？

A:

基本上不鼓勵，但真能天天敷的只有純保濕面膜，而且如果要天天敷，面膜紙也需要講究，蠶絲面膜（雲膜）比較薄，天天敷對肌膚的負擔相對也比較少。

Q14.

**我的臉總是油油的，
到底要選哪種保養品？**

A:

除了保濕還是保濕，只有把肌膚的油水平衡做好，才能真正改善油膩的狀況，另外體內補充水分也很重要，養成多喝水的習慣，妳會發現代謝變好，肌膚的油光也會減少。

Q15.

一定要用化妝水嗎？

A:

化妝水的主要功能是再次清潔以及軟化角質，
另外讓肌膚表層提高保水度也是一大重點，
所以如果想要擁有更好的後續保養效果，
我認為化妝水是必備的保養品。

Part .2
美妝篇

Q1.

**選粉底不是愈白愈好，
小心女鬼上身？**

A：

這是當然的，粉底顏色要接近膚色才愈自
然，挑選的時候在脖子跟耳朵交接處試色
才是最準確的，東方人膚色偏黃，可
以挑選略帶紅感的粉底修飾。

Q2.

**如何讓假睫毛看起來
不假，畫出超自然眼妝？**

A：

以款式來說，交叉型比根根分明型自然許
多，軟梗的又比硬梗的自然，保留眼頭
不戴假睫毛會讓眼形真的放大。現
在流行的接睫毛，日式也比
韓式自然。

Q3.

放大片或眼線，
哪個才能讓眼睛看起來變大？

A:

放大片是讓眼球變大變深邃，但如果本身黑眼球就比較大的人要選灰色或咖啡色來讓眼睛有深淺變化。如果眼白比較多，戴上放大片才真正有放大效果。而畫眼線是不挑眼形，都能讓眼睛變大的方法。

Q4.

眼線好容易暈開，
要怎麼畫才不會暈開？

A:

以技巧來說，可以在畫完眼線之後，沿著眼線再疊上一點眼影，另外就是改用眼線膠筆也可以讓眼線更加持久。

Q5.

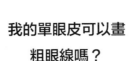

我的單眼皮可以畫
粗眼線嗎？

A:

單眼皮最尷尬的就是眼線畫得再粗，常常一張
開眼睛就什麼都沒有了，所以現在流行的粗
眼線其實蠻不適合單眼皮的人，但如果真
要畫，就建議眼線加上眼影，提升
眼妝的層次才可以。

Q6.

韓系平眉要怎麼畫
才不會變成蠟筆小新？

A:

關鍵是在眉頭，因為一般人的眉峰通常都高
過眉頭，所以想要畫出韓系平眉，就是
要把眉頭的高度畫得跟眉峰一樣才
不會變成很凶的眉形。

Q7.

BB 霜可以解決所有
肌膚問題？

A:

別傻了，當然不可能，充其量 BB 霜可以
取代隔離霜或粉底，但想要因此不擦保
養品，或是追求完美底妝，絕對只
是廠商行銷的話術。

Q8.

為什麼我的粉底
總是糊糊的？

A:

除了跟你選的粉底直接關係之外，最重要
的是要養成定期去角質的習慣，因為很
多時候的不貼妝跟角質太厚有很大
的關係。

Q9.

唇蜜是不是也可以當作
護唇膏使用？

A:

唇蜜裡面有油質，但同時因為有色料在裡

面，可以滋潤雙唇的效果相對有限，表面

水量是足夠，但想要深入滋潤的話，

還是要擦上護唇膏才行。

Q10.

最近好流行戴牙套，
牙齒真的會改變我的五官嗎？

A:

那是絕對的，多年前小 S 的案例就是最明顯

的，再看很多藝人被懷疑整形，事實上大多

都因為整牙過後，臉型變得更立體，像

我自己整過下排牙齒，整個臉型

也拉長許多。

Part .3

穿搭篇 打造完美造型法則大公開

一招半式讓妳顯瘦三公斤，一秒變身名模絕對不是夢

我的時尚哲學很簡單：吃好、睡好、穿好，簡單三件事就能讓妳美麗久久，因為只要吃得好、心情自然就會好，晚上睡得好、皮膚自然就會好，如果學會怎麼穿搭、怎麼把衣服穿好，身材比例當然好。

接下來就來教大家怎樣可以簡單打造完美身形，讓妳不管流行趨勢怎麼變，妳都能成為姐妹圈中的造型達人。

修飾身形
收斂
膨脹感

(A) 內深外淺

很多人想要看起來瘦，都是一身
黑衣黑褲，不明究理還以為家裡
出事，而且有時候一身黑色沒穿好
，反而會讓身材曲線原形畢露。我
常在節目中教大家的顯瘦關鍵詞就
是「視覺內移」而要能讓視覺內移的
最好方法就是利用顏色製造錯覺，所
以把裡面內搭的單品改成深色，不
管是黑色、藍色、灰色、綠色、
紫色等各種顏色，只要是深一點
的顏色都可以，然後外搭改用亮色系，自然就會呈現相當程
度的對比效果，而這個對比效果就會讓人永遠看不透裡面的
體型是幾公斤。

B 強調線條

東方人的身形大半是圓身，肩膀圓、腰線圓、腿形圓，甚至到腳踝跟腳背都相對比較圓，所以在修飾身形的訣竅當中，「破壞線條」是一個很重要的方法，把 O 形變成 H 形、把 A 形變成 X 形，這是必須不斷貫徹的顯瘦重點。另外把腰線表現出來也是一個很取巧的方式，有些人因為太害怕自己的腰間肉讓別人發現，於是總穿些看不出腰身的寬版衣來遮蓋，但只要適度顯現腰身，才能真正讓身形的曲線表現出來，那才會看起來瘦啊～真的要大家告訴大家，一定要破除這樣的迷思，妳的美麗人生才會從黑白變彩色。

Point!!

Ⓒ 垂墜設計

衣服面料是門學問，運用得
當更可以成為修身魔法的心機，
但我們一般人對於布料的認識很有限，
頂多知道棉質、雪紡、蕾絲、牛仔丹
寧等諸如此類的。同樣剪裁但運用不
同布料，會讓衣服本身有巨大的造型
變化，可想而知剪裁跟布料之間息息
相關，所以在修飾身材這件事上，更
要把握它們之間的關係。而要讓身材
看起來比較好，除了要有線條感之外，
讓衣服有垂墜效果也是一招，因為當視覺有墜度的時候，身
形自然會看起來輕盈，不管是荷葉設計還是斜片設計，就是
要從正面直觀位置有垂墜度，就可以輕鬆達到修身的效果。

D 以假亂真

東方人因為天生骨架關係，所以
有些單品穿起來就不像模特兒那麼
漂亮，很多人都說沒有衣架子就
穿不出時尚感，而以假亂真的最
高段，就是運用各種「假」東西：
從隱形內衣、墊肩、塑身衣，再到
增高鞋墊、假臀部等都是讓大家在
做造型的時候可以施展魔法。但我
說的「衣架子」主要是指肩型跟腰
線，方正的肩型可以讓人看起來
更有精神，更能達到修飾臉形
的效果，所以在挑選單品的
時候，可以特別注意肩線剪
接線的立體度，而腰線位置則
要不求小，但求曲線明顯，所以腰線要往上提，讓胸線、腰
線到臀線比例是完美 1：1：1，只要掌握這兩個重點，包準
讓人永遠猜不透妳的體重數字。

時尚百搭在精不在多，
穿對衣服讓妳提升好感度

 格紋

每個女生衣櫃裡都要有一件格紋衫，不
管是格紋襯衫、格紋裙，甚至至少要有
一條格紋圍巾，「格紋是個最多變性的
圖紋」可以是經典英式學院風，可以是
懷舊美式男孩風，更可以是浪漫法式古
著風，就算要搭配出甜美日式龐克風也
可以。大小不一的格紋可以混搭出不同
風格情緒的造型，掌握維持有著一種共
同色調的格紋，妳就不用擔心會太過高調
，也可以透過布料的不同讓格紋呈現浪漫
的情懷。

週間時尚輕鬆搭

Look 1

簡約的方格組合呈現出職場的幹練風
格，灰色調褲裝還能讓比例拉長。

格紋也能
瞬間逆齡！

Look 2

甜美俏麗的對比色格紋，加上
寶藍色襯衫讓妳成為朋友圈的
時尚達人。

Look 3

龐克感十足的紅黑配色格紋洋
裝，隨性搭上騎士皮外套，讓
格紋圖案也能率性不羈。

Look 4

結合假兩件式上衣以及假兩件內
搭褲,大小不一的格紋讓造型層
次立馬就表現出來。

Look 5

穿上前短後長的男孩風格紋襯
衫,又要怎樣不失女孩的甜美,
關鍵就在搭配合身的背心。

週間時尚輕鬆搭

Look 7

Look 6

低調的格紋套裝凸顯妳的穿搭品味，同色系組合也能讓格紋顯得更有質感。

我最喜歡把格紋混搭，因為這樣不但可以讓視覺效果顯瘦，還能看起來年輕有朝氣。

B 波點

時尚的復古風潮通常都是以十年當成階段潮流的象徵，而在
50 年代大熱的波點圖案，現在持續發燒，帶點甜美俏皮、帶
點清新可愛的波點幾乎讓人沒有抵抗力，再加上多以黑白色
系為主的搭配對大家來講也幾乎沒有難
度，這也是為什麼「波點永遠都能成
為時尚搭配的主流」。隨著服裝的
剪裁不同，波點總能改變服裝線條
本身的符號，讓整體風格變得年
輕有趣，所以如果當妳對搭配開
始不知所措，建議妳可以換上波
點，隨時都可以改變一下心情。

都會時尚輕鬆搭

Look 1

奶油白波點針織帶點優雅的浪漫，
配上淺色鉛筆褲可以拉長比例，散
步在巴黎街頭也可以更自在。

Look 2

整體風格適合走在首爾
江南區一帶，濃厚的文
青風蝴蝶結波點襯衫，
完美搭配蜜桃色風衣外
套。

Look 3

可愛波點衝突地配上皮
衣外套，就像是體內同
時住著女孩跟女人的矛
盾叛逆性格，同時也呈
現出最倫敦的態度。

Look 4

每分每秒都在前進的上
海充斥著新舊融合，穿
上少見的輕奢感波點洋
裝，布料質感的不同卻
帶起違和的華麗效果。

Look 5

來自紐約上城女孩的清
新實穿搭配風格，黑白
灰無色彩的組合總能帶
給大家各種驚喜。

Look 6

古城米蘭的時尚永遠走
在最前端，復古也總循
環帶領著我們，同色系
波點搭配當中，咖啡色
腰帶成為亮點。

Look 7

東京地鐵裡總能看到不
同樣貌的女人，穿上兩
種波點組合，再搭配沈
穩的酒紅色，波點當然
可以很百變。

C 條紋

如果說條紋是「劃時代的時尚指標」絕對不為過,從黑白對比的斑馬條紋、充滿海洋氣息的藍白條紋、濃郁復古風格的撞色條紋,以及粗細不規則的普普條紋,條紋組合不同於顏色的表現,而色彩總能豐富各種造型的樣貌,所以在搭配條紋的時候,可以降低其他服裝飾品的色度,讓條紋色彩可以一枝獨秀表現出圖紋特質。而條紋除了有色彩特質之外,還有著代表休閒風格的特質,所以一般條紋多是棉質或是針織類,最搭襯的像是牛仔丹寧、卡奇或是單色系的組合,不同方向的橫紋、直紋或是斜角紋也能創造跨風格的時尚感。

百搭時尚輕鬆搭

Look 1

選擇藍綠色系表現都會時尚風格,加上韓劇女主角款風衣外套,讓風度跟溫度都能兼顧。

百搭時尚輕鬆搭

Look 2

職場穿搭裡經常會出現
條紋衫，但如何讓條紋
不呆板，可以用跳色的
方式讓整體造型耳目一
新。

Look 3

不規則的條紋能讓單品
存在感增加，腰線提高
的洋裝更能修飾身形，
甜美可愛又俏皮。

Look 4

週末要到戶外去遊玩，
穿上條紋衫就有輕鬆自
在的感覺，特別用軍綠
色來搭配，打造出濃厚
的男友風。

Look 5

配色原則中除了全身不
超過三個顏色之外，單
色系也是絕不會出錯的
搭配，加點灰色表現出
青春的氣息。

Look 6

如何巧妙穿出輕盈感，
可以利用長版外套搭配
拉長線條比例，丹寧也
是大家衣櫃裡一定要有
的單品。

Look 7

混搭的最高手法就是把
街頭元素跟奢華元素組
合在一起，挖肩設計很
有女人味，仿皮包裙更
是能讓曲線畢露。

Ⓓ　白襯衫

相信很多人都知道衣櫃裡面要有白襯衫，但卻從來沒有好好運用它，因為白襯衫的百搭性反而讓大家對這類單品少了思考，當然搭配的創意性就更別說了。
但就像裸妝是最考驗技術一樣，白襯衫的搭配需要對單品屬性有更多了解，對材質的敏銳度，以及要對不同版型的白襯衫要做不同的搭配使用，單從不同領型的白襯衫所表現出來的造型風格，就能讓妳顯年輕或是一秒變阿姨，所以白襯衫除了必備之外，更要學會怎麼讓它真正百搭。

1. 一般領

這是最基本的白襯衫款式，不管搭西裝、針織衫或是外套都很適合，但也因為是基本款，所以在材質上建議要比較硬挺一點、不要太薄，這樣才能真正成為百搭必勝的單品。

2. 荷葉領

3. 立釦領

柔軟女性化設計的荷葉領相當適合臉形比較有角度的人，但不適合臉形較圓潤的女孩，搭配的時候可以利用對比色來凸顯造型，讓修飾效果表現出來。

這款領型特別適合有稜有角的臉形，因為立領包釦形象上會看起來特別溫婉，就能直接修正臉形給人的既定印象，搭配西裝外套就能呈現出剛柔並濟的女性新風格。

4. 開襟領

5. 透視領

相對來說比較屬於休閒風格的開襟領，特別適合想要小 V 臉的人，雪紡材質的開襟襯衫還帶點性感的感覺，而且非常適合春秋換季的時候穿搭使用，加一件大衣就很有異國風情。

衣櫃裡的白襯衫至少要有五件，除了材質上的不同之外，更重要還有款式風格的不同，像是這種透視款就可以馬上改變整體造型的風格。

E 針織衫

我常常對上班族女生開玩笑說：「妳可以
沒有名牌包，但妳可不能沒有針織衫」，
擁有基本保暖功能，洋蔥式的換季穿搭
更是必備。各種長度、顏色以及厚度
更是讓妳不愁搭配，況
且每人好幾件、漂亮好
搭配，根本就是上班族的
好朋友，除了單色之外，我還
建議大家可以有幾件條紋、不同織花
的針織衫，都能讓妳平日上班 look 呈
現出更多樣的組合。

穿搭實戰懶人包

am 09：00
去上班

襯衫加針織衫準沒錯，單色之外也可以任
性一下，搭配一些低調的動物紋。

穿搭實戰懶人包

am 11：00
開會中

沒有侵略性的粉色一直是辦公室的不敗色，藍色調更是最能穩定情緒的首選。

pm 12：30
買午餐

午休時間也要美美的，只要隨手套件針織衫就可以輕鬆出門採買，裝飾線條性的運動風罩衫更顯年輕。

pm 15：00
喝咖啡

喝咖啡聊是非也是跟朋友互動交流的方法之一，隨性披掛的日系搭配，也能表現自己的時尚品味。

pm 18：00
吃晚餐

我喜歡亮色系針織衫勝過暗色，因為大多數上班族的內搭服裝都比較單調，所以只要偶爾換上亮色罩衫，整個人就看起來精神許多。

pm 20：00
來約會

當你跟男友發展到某個階段，跟對方家人吃飯也算是一種應酬，所以當然要走端莊嫻淑好女孩路線，搭配飽和度高、彩度低的針織衫就是最好的選擇，因為這樣的色彩色相就代表著優雅。

pm 22：00
聚會樂

韓星的造型成為現在女孩模仿的對象，像是這種局部性感心機就常常出現在機場時尚當中，要成功駕馭這樣的穿搭風格，訣竅就是選黑白灰無色彩就對了。

F 珍珠項鍊

誰說珍珠只屬於長輩？又是誰說珍珠只能配洋裝？雖然「珍珠的優雅是無可取代」，但也因為這樣的無可取代，才更應該讓珍珠有多種風情，因為不管整體風格怎麼變，只要搭配珍珠配件，自然就能讓整體造型質感提升，甚至可以翻轉本來的造型風格。我們常聽到的「混搭」，就是要把材質、色彩以及風格混合才能叫混搭，所以珍珠就是玩混搭的最佳良伴，把珍珠溫潤質感跟金屬冷調組合在一起是近年的趨勢，金色能讓珍珠多點復古浪漫氣息、銀色能讓珍珠多點不羈叛逆性格，不同色澤的珍珠混搭起來就像是幅畫般，畫龍點睛的效果更是明顯，大小不一的珍珠混搭可以增加服裝的份量感，搭配在柔軟的雪紡、垂墜的絲質，以及古典的蕾絲都很適合。

減齡修飾也能這樣配

Tip.1 疊搭

把兩條不同長度的
項鍊組合在一起，接
近臉形位置的那條可以選
擇放射狀線條，可以有效修飾臉形。

Tip.2 拉長

最簡單的修飾臉形法就是拉長線條，把長鍊打成雙鍊也能讓配件搭配更有層次效果。

Tip.3 量化

把珍珠跟金屬交叉搭配，先破壞整體項鍊的線條，自然能創造出凸顯臉形的視覺差異。

Tip.4 聚焦

選擇一條設計感強烈的珍珠項鍊，不管是有金屬搭襯或是大小不一的珍珠，都能表現出衝突的時尚感。

G 絲巾

如果要我一句話來形容絲巾，我會這麼說：「如果妳不是玩配件高手，那至少妳要學會怎麼用絲巾」，絲巾有長有短、有硬挺有柔軟，首先用在取代配件的話，我會建議使用比較硬挺的四角絲巾，因為有了硬度才能讓妳在摺疊的時候多點角度，其次如果是要拿來當成延伸服裝線條，那就要選擇稍微柔軟的長形絲巾，因為有了墜度才能讓衣服的剪裁表現出來。另外在花色上，我會建議大家選擇以線條變化為主的花色，色塊組合也很好搭配，比較不建議大家用完全花卉圖案的，因為很容易讓整體造型顯老。

Step 1

把絲巾對摺之後繞圈，讓絲巾呈現長條狀。

Step 2

從領口處往下延伸固定，約莫在腰線平行位置是最完美的。

Step 3

隨性在尾端處收口，重點在讓領口處的絲巾可以呈現出斜角的美感，不管搭配洋裝、襯衫或是 T 恤都可以。

Look 1

先將絲巾分成兩半，直接對摺呈現三角形狀。

接著就在胸口處打結，打兩個結會更穩定。

將打結處往後，讓三角形狀朝前，記得要低於鎖骨位置。

Look 2

用兩指把領口撐開，讓絲巾輪廓可以往外延展開來。

自然垂墜的絲巾可以打造出小臉效果，搭配外套大衣也都很好看。

Step 1

Step 2

先將兩個尖角打結放在
脖子後面，結可以打小
一點會看起來比較秀氣。

讓其他兩個角翻邊平
行，保持絲巾的正面或
亮面朝外。

Step 3

Step 4

\ Look 3 /

接下來把多出來的絲巾
尾端繞到衣服的肩帶裡
面。

兩邊都這樣做，一件全
新的不規則領型洋裝就
出現了。

Step 1

Step 2

先把絲巾摺成三等份，
保持不規則大小會更有
造型。

繞成腰帶在側邊打個
結，當然固定打結的位
置也可以自由發揮。

Look 4

Step 3

特別提示的造型重點是
在把腰際位置拉開，就
像包裝打褶一樣，這樣
的斜切角度可以讓妳的
腰看起來更小。

先把絲巾打一個漂亮的
蝴蝶結，如果內搭服裝
很貼身就可以打大一點
的結。

兩邊蝴蝶結完成之後，
稍微注意蝴蝶結的形狀
是否一致。

把雙手穿過蝴蝶結，讓
絲巾成為衣服的一部份。

從背後看就像把披肩穿
到胸前，而且還可以遮蓋
大家最沒有信心的手臂。

Look 5

螢常見把絲巾改造成背心，
但比較少把絲巾變成上衣，
這樣的絲巾搭配可以增添女
人味。

展開整條絲巾，然後穿
過衣服的肩帶，讓衣服
跟絲巾貼合在一起。

穿過整個衣服的衣身，
讓絲巾定點在另一邊的
肩帶，但要保持另一邊
絲巾的垂墜度。

\ Look 6 /

接下來就是重點了，把
垂墜的絲巾再展開，抓
住剩下的兩個角，順著
胸部往腰線抓出身形。

最後用腰帶把剛剛抓好的輪
廓定住，還可以微調一下立
裁效果，讓洋裝跟絲巾巧妙
結合為一體，就像穿上另一款
女神系洋裝。

Chapter. 2

羨慕美肌
速成法

保養品多到要標上數字，才能知道要從哪一罐開始塗，每天都要耗上大把時間和保養品搏鬥，這大概是每個有在保養或是想保養的女人無奈的心聲。不要擔心，明川老師就是要告訴妳，保養每天只要做一個步驟就夠了，就能輕鬆變美人，又有多餘的時間泡在韓劇裡。

進廠維修新風潮，
術後保養缺一不可

當「微整型」已經成為新時代女性讓自己變美的基本捷徑，不再有人會因為整型二字就大驚小怪，反而成為現代人社交應酬最好拉近彼此距離的話題之一，也因為「微整型」是一個可以讓自己快速變好的方式，於是我們要不就用更正面的態度去看待它，大家也不過就是想讓自己變得更迷人。

醫美微整真的無傷大雅，只要不要把自己搞成蠟像人，我真心覺得女孩們尋求現代高科技的協助，讓自己更美，更有自信，why not？

不過話說回來，雖然我贊成微整型，但我一定也要特別再次嘮叨一下，千千萬萬不要以為做完微整型就高枕無憂了，事實上微整型的「術後保養」才是更重要的課題，如果妳沒有認真仔細做好後續的保養，效果不但有可能會大打折扣，甚至可能會直接把妳打回原形。

術後保養沒有訣竅，就是兩件事，**保濕和防曬。**

積極保濕可以幫助肌膚重建，認真防曬可以維持肌膚能量。

雖然微整型不是「侵入性」的手術，但同樣也是會對肌膚造成一些組織上的破壞，好比雷射除斑，就是將肌膚的黑色素用雷射光束破壞去除，達到淨化肌膚的效果，這些看似不會在肌膚表面留下傷口的微整療程，其實還是存在一些肉眼看不見的微創傷口，既然有傷口，就需要被照顧治療，這樣才能讓肌膚重回健康的狀態。

保濕

而術後保養的「保濕」不像平常的保濕工作，如果一味拼命補油補水絕對是錯誤的方式，由於這時候的肌膚屬於極為脆弱的時期，所以我們真正該做的是增加肌膚的「造水」功能、強化肌膚的「鎖水」構造，換句話說，就是將肌膚當成新生兒的皮膚一樣，努力替肌膚培養防禦自癒能力，而非一直提供養份跟油水。

所以術後的保濕非常簡單，只要請出我們的保養好朋友面膜或凍膜就可以了，一片面膜在手，就可以做足完整術後保濕工作，至於面膜或凍膜的挑選原則，請務必特別注意，**只使用「純保濕」功能的產品，才能確實達到造水和鎖水需求。**一

般具有修護功能的產品，通常含有油脂的成份，會對術後肌膚造成負擔；具有美白功能的產品，則大多含有酸類的成份，過度刺激術後敏感的肌膚，就更不用說了，可千萬不能用。

防曬

另一件術後保養的大功課就是「防曬」，因為我們每天暴露在大量的紫外線下，肌膚本來就已經很需要透過防曬來維持完美狀態，尤其在經過微整所破壞的肌膚，更少不了這層防護，而要確實保護好這個時期的脆弱肌膚、免於紫外線的摧殘，最簡單直接的方式就是**將平時使用的防曬產品的防曬係數大幅提高，提高到至少 SPF50**，讓高效的防曬產品抵擋看不見卻最傷人的紫外線，當然除了外擦防曬，我也建議大家可以搭配內服的膠原蛋白產品，因為補充膠原蛋白，可以增加肌膚的防禦力，無形之中也會對抵禦紫外線有一定的加乘效果。

明川老師的
真心話

沒做好術後保養的心理準備，就別去微整了
· · · ·

現代不管是「午休美容」、「○小時變美」、「一覺醒來變年輕」、「凍齡」諸如此類的話題都不再只是口號，但務必記得凡事千萬不可過與不及，循序漸進、適可而止才是微整之道。

超推薦！
保濕面膜產品

BEYOND
超水感保濕水凝凍

AQUALABEL
保濕深層柔潤面膜

skincode
ACR 活顏保濕凍膜

AROMATHERAPY ASSOCIATES
玫瑰保濕面膜

ETUDE HOUSE
服顏悦色～高傳導
生物纖維面膜 (保濕玻尿酸)

肌研
極潤保濕面膜

heme
玫瑰超水感特效保濕凝乳

V.BEAUTY
多元修復保濕蠶絲面膜

PETERTHOMASROTH
解飢渴面膜

Avene
長效保濕面膜

超推薦！
保濕修護霜產品

BIOTHERM
5000L 極水感活泉水凝凍

肌研
極潤完美多效凝露

CLINIQUE
水磁場保濕精華霜

Melvita
歐盟 BIO
三重花蜜修護膏

ETUDE HOUSE
水足感有機蘆薈
清爽保濕水凝霜

BOBBI BROWN
晶鑽桂馥保濕晚霜

Avene
術後保濕霜

KIEHL'S
老虎草修護霜

BIODERMA
舒妍清爽保濕凝乳

DERM iNSTITUTE
SOS! 抗氧保溼精萃

LA ROCHE-POSAY
Cicaplast 瘢痕速效
保濕修復凝膠

超推薦！
高係數防曬產品

skincode
全時防禦 UV
保濕隔離乳 SPF50+

BIOTHERM
超輕盈 UV 防護隔離霜
SPF50+ PA+++

BIODERMA
皙妍雷斑高效
防曬霜 SPF50+

台鹽生技
高機能無瑕
水凝乳 SPF50

LA ROCHE-POSAY
全護清爽防曬液 UVA PRO
潤色 SPF50/PPD33

SHISEIDO
淨白肌密防護乳 SPF50 PA+++

白蘭氏
紅膠原青春凍

Angel Lala
美妍青春膠原凍

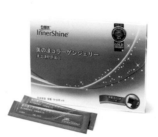

Bee Zin
DD 彈力膠原飲

白蘭氏
紅膠原青春飲

白蘭氏
美之凍膠原蛋白

肌膚狀況好緊急，
瞬效打造心機美姬

特效保養

現代人生活壓力大，早上出門都想睡到最後一刻，晚上洗完澡想趕快跳上床去睡覺，所以在保養上都講求「快、狠、準」。之前掀起風潮的 all in one 概念在幾年後的現在還是很有話題性，像是化妝水也可以當精華液、乳霜厚敷就變面膜、晚安凍膜大行其道，這些都堪稱是近幾年保養界的指標商品，而這些指標商品的背後代表著市場型態也跟著被改變，除了常規性產品之外，現在要能夠火紅的商品沒有訣竅，就是要有「話題性」。

成功創造話題＋網路口碑發酵＋美妝媒體加持
＝必買發燒商品

蝸牛霜

例如這幾年超紅的「蝸牛霜」就引起不小的話題，主要產品也是由韓國品牌最先引進。但一開始會引起話題的原因都不

是因為成效，而是因為「什麼！是法國料理在吃的那個蝸牛嗎？」沒錯！聽到的人頓時的直覺都是驚悚萬分，還會想起蝸牛爬在地上的那些黏液，但也因為這樣更想了解它的成效，具有保養效果的成分正是那些黏液，從蝸牛中萃取出來的保養成分就是蝸牛醣蛋白，主要的保養功能為緊膚、保濕及抗老化，使用感就如同玻尿酸，但可以產生一種立即的緊緻包覆感。

蠶絲蛋白

另外「蠶絲蛋白」也是很有話題性的保養成分之一，蠶寶寶所吐出來的絲不只能做成衣料，居然還能成為精華液保養品，精華液中所添加的蠶絲蛋白，主要是以蛋白質及胺基酸所組成，可以用指腹拉出像蠶絲一樣的細線就是質地特性！也因為親膚性高又相當好吸收，保濕度也非常好，蠶絲蛋白還有個特色就是能對抗光老化，就如同物理性防曬一樣吸收了紫外線後，再轉換為熱能散開，所以晚上使用還能對抗 3C 光，因此醫美診所的醫師常以這類保養品做為術後保養的推薦。

蛇毒

另外還有個更誇張的抗皺話題成分—「蛇毒」，只要一聽到這成分都會全場尖叫失聲，心想女人為了愛美真是無所不用其極，為了變美在所不惜嗎？不！其實蛇毒成分並非蛇的毒

液呀，它使用的成分是類似蛇毒血清蛋白的合成三胜肽，三胜肽的效果正類似肉毒桿菌，因此可以模擬蛇毒會讓人神經肌肉收縮的原理，針對臉部的動態表情紋做改善，市面上的產品有面膜或精華液等等，有的包裝還直接設計了蛇紋的圖案，真的很會操作人的好奇心。

油保養

而近期最流行的保養法就是「油」保養，其實之前就有部分品牌開始推廣油保養，但在台灣推廣真的很辛苦，明明油保養就是最原始又最重要的保養概念，因為自古以來，從大自然中所取得的植物油脂，一直是全世界婦女，包括我們的老祖宗們用來呵護全身上下肌膚的「保養品」。單方的純植物油舉凡摩洛哥堅果油、杏仁油、橄欖油及荷荷巴油等等，從幾千幾百年前開始，這類成分就一直是保養基本成分，可是消費者愈來愈要求保養品的精緻多樣化，甚至還要無油又清爽，也因為成本的關係，部分油品都以礦物油為主成分，但礦物油只適用於肌表保養。所以一直到現在，親膚性高的純植物油才又開始回到保養市場，將大家的保養概念拉回到最初的源頭，因此「油」才是真正能帶給肌膚健康的重要優秀成分，但因為很多人都擔心保養油不好吸收，所以我來教大家我獨創的三大按摩術，幫助增加肌膚的吸收效果。

保養按摩手法 How to do？

Step 1

兩指神功：先利用中指以及無名指，可以最服貼肌膚紋理，尤其是最容易忽略的鼻翼兩側，兩頰打圓按摩可以增加保養品的延展性。

Step 2

化骨綿掌：接著再利用掌心來做按壓的動作，因為掌心是溫度最高、厚度最大的位置，所以透過輕輕的按壓可以讓保養品的效果發揮地更好。

Step 3

雙手推推：

最後要讓保養可以更面面俱到，可以利用手掌邊緣關節處來取代美容工具，反手往上延伸拉提、右手做左臉、左手做右臉，先從嘴角邊往上拉提到太陽穴、重覆 3～5 次，再用雙手順推往上固定，堅持做好這個拉提動作，臉型的線條自然就會變得更好。

超推薦！
保養油產品

THE BODY SHOP
維他命 E 修護菁萃油

eVOLU
有機精淬野玫瑰果油

BIOTHERM
神奇亮顏
修護精華油

sisley
黑玫瑰珍寵
滋養精華油

NUXE
全效晶亮護理油

ETUDE HOUSE
永恆之露～粉紅輕盈賦活精油

后
拱辰享山茶花
保濕美容油

VIVIBEAUTY
幹細胞菁萃油

· 話題保養品

除了話題之最的保養油，還有哪些妳一定要有的經典保養品或是即將引領潮流的話題保養品？

Melvita
歐盟 BIO 粉光透彈力雙效露

結合玫瑰花粹及玫瑰果油以 2：1 的完美比例融合，再添加犬薔薇花瓣的抗老成分，是油保養初學者的入門保養品。

Sulwhasoo
潤燥精華

巧妙混合生熟草本，以 24 道嚴格程序淬煉，誘發成分深層作用，發揮相輔相成的功效，就猶如肌膚的藥引一般。

SHISEIDO
紅妍肌活露

主要功能為強化肌膚自我防護力，不僅能幫助肌膚修復，更以草本植物成分的力量培養肌膚內在原有的美力源。

ESTEE LAUDER
DNA 特潤再生超導修護露

強調夜間使用，讓你一覺醒來肌膚就
能感覺變年輕，為業界第一瓶可以強
化肌膚天然夜間自體再生機制運作的
精華液。

Dior
極效賦活精萃

適用所有保養步驟最前端，日夜使用
於精華液前，並強調能清空肌膚內有
害物質，再釋放有效抗老成分，讓後
續保養加分。

后
天氣丹津率享紅山蔘清氣面膜

創新無油配方質地精華面膜，可當成
晚安面膜使用，讓你一覺醒來就擁有
令人羨慕的水潤彈力光澤美肌，附紫
檀木按摩片。

ANIKINE
原生動能賦活精萃

頂級萃取科技封存高純度活性複合因
子的能量配方，發揮協同抗老作用，
在肌膚內達成自然平衡，喚醒肌膚原
生動能，青春之源再度充滿能量。

ERNO LASZLO
永恆之泉 淨白煥膚霜

特殊雙劑設計，第一階段先光滑肌膚
做到拋光，第二階段使用乳酸精華微
微除去角質，讓肌膚重新擁有活力光
芒。

THE BODY SHOP
熱循環淨化面膜

含沸石、高嶺土及海藻等萃取，能自
然產生溫熱，立即暢通舒張毛孔，深
層潔淨毛孔污垢，同時平衡油脂活絡
代謝。

ETUDE HOUSE
博士級安瓶精華雙效面膜（美白）

高機能急救型修護面膜，含 100%
綠茶水及高效複合式美白配方，先使
用安瓶精華均勻按摩全臉後，再使用
片狀面膜敷 20 分鐘。

DERM iNSTITUTE
青春能量儀

以有益肌膚的可見紅光，從真皮層刺
激膠原蛋白及彈性蛋白，強力鞏固肌
膚結構、改善因肌齡老化造成的鬆弛
與下垂，恢復彈力。

保證美麗不打烊，
持續修復逆轉肌齡

膠原蛋白

我常說我們一定要抱著「跟他拼了」的決心來對抗老化這個惡魔，提早確實做好抗老工作，不管歲月的流逝，都要當永遠的美少女還是讓人猜不透年紀的美魔女。現代人的保養講求「內外皆補」，除了每天定時勤擦保養品之外，「膠原蛋白補給品」更是現代男女必備的抗老好朋友。

但是很多人既矛盾又好奇的問題就是：人體到底能不能吸收膠原蛋白？膠原蛋白的分子不是很大嗎？

日本的某節目曾經大手筆做了個有趣實驗，先請觀眾票選出肌膚最糟的女藝人來進行「食用膠原蛋白美食一個月」的實驗，經過一個月，再請專業皮膚科檢測中心來檢測該位女藝人的肌膚，一個月的時間，女藝人的肌膚狀況確實年輕了十歲。所以我一直認為只要有攝取就有保佑，當肌膚處於理想的狀態，即使遇到像熬夜及壓力大的情況，自然也不會太糟。

這就是所謂肌膚的自禦力，肌膚要能擁有自己保護自己的能力才行！

就像我們小時候如果不小心受傷出現小傷口，只要經過幾天就能復原，那是因為膠原蛋白充足，所以肌膚的自體復原能力很好。反觀年紀愈長，肌膚受傷之後，因為修復能力降低，傷口復原的時間就得加倍拉長。當然即便沒有受傷，肌膚本來隨著年紀增長，膠原蛋白就會流失，產生細紋、下垂、沒有光澤度等肌膚問題，所以時時刻刻補充膠原蛋白就成為我們和歲月抗衡的方法之一。

現代人很幸福，想要維持美麗青春的方法百百種，端看你願不願意去嘗試，走進美妝店，膠原蛋白相關產品琳琅滿目，有吃的、喝的、有一顆顆的、有泡的粉等，但到底哪一種效果最好？我沒辦法掛保證，但在選擇膠原蛋白相關產品有幾個原則可以掌握 1. 確認成分是否精確，是否有不必要的化學添加。2. 是否有經過國家機構的認證。3. 確認產品是否符合高純度小分子的需求。

至於補充膠原蛋白對肌膚有什麼幫助呢？（一）**保濕**：膠原蛋白含有的胺基酸可以鎖住水分，保持肌膚細緻和彈性。（二）**去斑**：膠原蛋白會促進肌膚新陳代謝，更能抑制黑色素，達到基本的美白效果。（三）**抗皺**：充足的膠原蛋白可以撐起肌膚的彈性，讓細紋問題減少。（四）**美胸**：膠原蛋白能讓

肌膚緊實，撐起胸形的挺度。

既然抗老是條長遠的路，不同世代就要有不同的對應策略，像是 20 世代可以選擇飲品式或凍狀的膠原蛋白補給品，適合整日忙碌被時間追著跑的人，隨時補充就可以隨時美美的；30 世代可以選擇錠狀的膠原蛋白，就像幫日漸操勞的肌膚服用保健品一樣，定時定量，每天的小努力就能累積出巨大的能量，美麗青春自然能夠長長久久；而 40 世代可以選擇粉狀的膠原蛋白，這也是現在最受歡迎的劑型，因為粉狀可以加到任何自己喜歡的飲品甚至食物裡面。像我自己還會把膠原蛋白粉拿來沾番茄、芭樂，甚至鳳梨來食用，同時增添水果的風味，又可以補充膠原蛋白。有的品牌還加了益生菌幫助增強腸道健康，讓邁入熟齡的人可以更全方面把體內保養做得更徹底，不過無論是內服還是外擦的保養，除了堅持還是堅持，和膠原蛋白做朋友，美麗自然來。

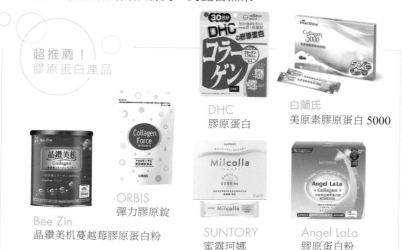

超推薦！
膠原蛋白產品

DHC
膠原蛋白

白蘭氏
美原素膠原蛋白 5000

Bee Zin
晶鑽美机蔓越莓膠原蛋白粉

ORBIS
彈力膠原錠

SUNTORY
蜜露珂娜

Angel LaLa
膠原蛋白粉

日夜勤擦是基本功，按摩手法則能事半功倍
• • • •   • • • •

女人最怕的三個字就是「老、鬆、垮」，而為了對付這三個壞字眼，除了內服要堅持，當然外擦也不能偷懶，膠原蛋白成分保養品就像玻尿酸一樣能帶給肌膚保濕，而且膠原蛋白中的大分子蛋白能覆蓋並保護肌膚。但真的要針對皮下組織膠原蛋白增生的話就不只靠膠原蛋白，還要其他更能深入肌底的有效成分，而真皮層的膠原蛋白就像是緊膚的網絡一樣，每條膠原蛋白線都由彈力蛋白給緊緊綁住，並保護著纖維母細胞選擇能夠刺激膠原蛋白增生，這樣才能真正讓肌膚更緊實，更提升肌膚彈性。外擦保養品除了內容物的美容成分要達到效果之外，一些居家可以 DIY 的按摩手法，也能讓妳早點從「老、鬆、垮」變成「白、緊、澎」。

緊緻肌膚按摩 *How to do?*

Step 1

首先針對外輪廓，利用掌心由下往上，從下巴往耳際位置向上拉揪，在耳際位置可以稍微停格按壓一下，促進淋巴循環。

Step 2

再來針對內輪廓，同樣用掌心由內往外，從嘴角往太陽穴位置向外拉提，同樣在最後位置停格按壓一下。

最後要讓臉型有更協調的完美比例,上半臉要做的是撫平紋路,利用兩指指腹按壓
眉心先舒緩額頭,接下來往左右各畫個半圓弧形,最後停留到太陽穴位置。

超推薦!
按摩霜產品

Melvita
歐盟 BIO
摩洛哥堅果極效輕萃油

Freshel
高滲透化粧水 (保濕)

AROMATHERAPY ASSOCIATES
修護滋潤乳霜

SHISEIDO
彈潤肌密膠原保濕水

ETUDE HOUSE
水足感膠原緊緻凝霜

Za
美麗關鍵
高機能膠原乳霜

CLINIQUE
深層活化
立體輪廓小臉霜

懶人保養最高級，
迅速確實又省時間

面膜

什麼保養既簡單、又快速，而且成效立竿見影，非「敷面膜」
莫屬了。

台灣是面膜王國，世界各地的美妝店幾乎都可以看到台灣生
產的面膜，光是出口到大陸的產值就年年成長，陸客來台灣
必買伴手禮不是鳳梨酥就是面膜，所以可以說最「台」的美
妝品就是「面膜」。

現在的面膜種類愈來愈多，從材質、裁片到厚薄度，有紙膜、
凍膜、凝膠面膜，還有什麼幾 D 又幾 D 的拉提面膜，而功效
上也愈來愈多樣，有保濕、美白、修護、深層清潔等，甚至
近年還吹起一股局部膜的熱潮。但不管是哪一種面膜，只要
能夠迅速急救肌膚狀況的就是好面膜，未來說不定面膜還能
取代一些基礎保養都不無可能，但現在讓我好好先幫大家將
面膜一分為二介紹。

貼膜

最常見的就是「不織布面膜」，保濕型的可以每週敷個兩～三次，敷完還要再擦保養品來鎖住保養成分。當然妳也可以在肌膚出現臨時狀況需要急救的時候，隨時敷上也能立刻解除肌膚警報。但如果是美白型面膜就要看每個人的膚質狀況，因為美白成分相對來講比較刺激，有些人的肌膚比較薄就不適合常常使用美白面膜。不過現在有所謂「蠶絲面膜」，強調敷起來像沒敷一樣的薄透材質，能夠和肌膚完全貼合在一起，讓保養成分確實導入肌膚，這種薄膜也是減輕保養負擔的選擇，尤其針對皮膚比較敏感的人。而近年最火紅的貼膜就是局部膜，眼膜、唇膜、手足膜、指膜都讓女孩們趨之若鶩，其實這也代表著社會的脈動在改變，以前大家只在意臉部保養，現在開始重視局部也要有好膚質。

heme
遠紅外線緊緻
導入 CC 面膜

SK-II
青春敷面膜

HANAKA
黑玫瑰終結
粉刺撕除面膜

SCINIC
純棉美白
保濕黑面膜

LOVEMORE
冰川水沁涼
舒緩面膜

SEXYLOOK
極美肌深層修護
純棉黑面膜

LUDEYA
黃金胎盤微臻
生物纖維面膜

ESTEE LAUDER
HD 超畫質
晶燦美白面膜

V.BEAUTY
多元修護保濕
生物纖維面膜

DHC
3D 塑臉拉提面膜

LOVEMORE
人蔘山藥活妍面膜

VIVIBEAUTY
水肌晶面膜

敷 膜

敷膜就是大家熟悉的「凍膜」，將精華液濃縮成面膜，塗上肌
膚，能有效鎖住肌膚的保水度，保養成分也更容易被肌膚吸
收。有些產品標榜不需要清洗，讓保養成分直接停留在臉上，
隨著時間任其自然剝落。但這樣的概念，我不反對，但也不推
薦，原因在於現代人的肌膚因為一些外在因素，穩定性相對不
足，加上台灣的氣候環境潮濕，或是夏天在冷氣房裡敷面膜，
甚至家裡有寵物的毛髮飄浮，如果臉上有濃稠狀的凍膜，反而
容易讓一些不乾淨的物質停在臉上，保養的效果大打折扣。

綜觀上述的原因，我認為即便標榜不需要沖洗的面膜，最好
還是沖洗乾淨比較好。另外敷膜還包括像是「剝落型面膜」，
這種面膜的質感就像軟軟的黏土一樣，敷在臉上一段時間，
會漸漸凝固，剝落的時候，面膜裡含有軟化角質的成分會將
毛細孔裡的髒東西一併剝下來達到淨膚的效果，針對深層的
清潔或是縮小毛孔會使用這一類的面膜，特別推薦給油性肌
膚的人使用。

我最近愛上的敷膜則是「乳霜面膜」，就像是把霜狀的保養
品塗抹在臉上，特別針對需要保濕效果的人，透過質地比較
濃厚的面膜，鎖住保養成分。靜置臉上大約二十分鐘後，即
可沖洗乾淨。

HANAKA
皇家馬卡龍面膜

dermalogica
生膠質緊緻水潤面膜

innisfree
超級火山泥毛孔潔淨面膜

ORIGINS
奇蹟面膜

DHC
天然活膚泥

skincode
緊緻拉提保濕面膜

CLINIQUE
水磁場深層保濕晚安面膜

PAUL & JOE
橙花絲潤紓壓面膜

SEXYLOOK
黑薔薇潤澤
保濕黃金水凝膜

ERNO LASZLO
水療冰白面膜

LOVEMORE
蘆薈絲瓜沁潤冷敷膜

面膜保養守則

搞懂兩大類的面膜之後，接下來我要分享的是我自己歸納出來的「面膜保養守則」。

1. 首先挑選面膜時，務必要先了解肌膚「需求」，接著再以「成分」來選擇適合的產品。
2. 深層清潔型的面膜一週只要使用一次。
3. 控油待乾型面膜只需敷在 T 字部位。
4. 敷面膜前 (清潔型面膜除外) 最好先行幫肌膚去角質，除非你選擇的面膜具有軟化角質的功能。
5. 夏天用的面膜跟冬天用的成分要區隔。
6. 急需補水或沒時間好好使用化妝水時，不妨用貼膜敷個 10 ～ 15 分鐘。
7. 利用各種不同功效的面膜來加強自己日常保養的效果。
8. 在緊急時刻用面膜來急救，尤其是出門在外旅行的時候，面膜就是妳不可或缺的生活伴侶。
9. 現在流行針對特殊部位保養的「局部膜」能讓保養更全面性。

ETUDE HOUSE
膜法曲線～
緊實水凝法令膜

ETUDE HOUSE
膜法曲線～
V 型小臉膜 (超服貼)

ETUDF HOUSE
膜法曲線～
收斂舒緩 T 字膜
(超服貼)

FTUDE HOUSE
好親香～柔嫩櫻桃護唇凍膜

LOVEMORE
乳木果精華滋潤手膜

DEW SUPERIOR
修護晶乳集中膜

Sulwhasoo
慈涵理紋修護組

LOVEMORE
牛奶精華嫩滑腳膜

LOVEMORE
蝸牛修復精華手指膜

LOVEMORE
青瓜精華透亮眼膜

不可不知的面膜保養三大禁忌

• • • •

1 邊泡澡邊敷面膜

可以一邊泡澡又一邊敷面膜實在很享受,而且還很省時間,但建議使用乳霜面膜,剝除型與凍膜都不適合,因為泡澡的水蒸氣會讓面膜不容易與肌膚密合。如果要敷貼膜,那就要特別選像是蠶絲面膜這種質地細緻一點的會比較好。

2 敷面膜前要去角質

敷面膜之前保持肌膚的清潔是必要的保養流程,但並不是每次敷面膜前都要先去角質,角質層是皮膚的天然屏障,具有防止肌膚水分流失、保持油水平衡等作用,一般角質層的代謝週期為 28 天,每 28 天角質層會自然代謝一些廢物,因此我一直覺得去角質最多 1 個禮拜做一、二次就夠了,過度去角質是會破壞角質層,所以平常本來就有去角質習慣的人,就沒有必要在敷臉之前又去一次角質。

3. 油性肌膚以清潔型面膜為主

應該這樣講，油性肌膚對於面膜的需求，首要是清潔，次要是保濕，另外針對修護的提升也很重要，而修護的提升關鍵來自保濕，所以油性肌膚的人不管是搭配泥膜、凍膜還是剝除式面膜，最後可以再敷一片保濕面膜，這樣可以增加肌膚的穩定性。

電眼粉妝唇頰彩，
徹底潔淨預防老化

卸妝

保養首重就是清潔，清潔包括了**日常洗臉**以及**卸妝**兩件事。

卸妝有多重要？只要妳有上妝就一定要卸妝，因為上了妝就等於屏蔽了毛細孔，讓毛細孔少了可以呼吸的機會，長期累積下來對肌膚造成相當程度的負擔，而毛細孔如果沒有被清理乾淨，就很容易造成肌膚問題，久而久之，老化現象自然就會找上門。

就說了老化的年齡層正逐漸下降中，所以妳還敢仗著年輕而不卸妝就倒頭睡覺嗎？每每聽到少女們這樣放肆，都讓我感到緊張，因為現在的環境污染源很多，就連沒上妝的肌膚或男生都應該要開始有卸妝的觀念，甚至我都開玩笑說，卸妝產品應該要改成「卸髒」才合理。

只要卸除不該停留在臉上的東西就叫做「卸髒」，簡單的髒也許靠洗臉就可以清除乾淨，但複雜的髒，像是油脂、髒污、

彩妝以及老廢角質，就得用更好的清潔效果產品來卸除才對，所以我主張不應該分成有化妝、沒化妝、男性或女性。

髒污停留在肌膚上會怎樣？光想到髒污陪妳睡一晚就夠可怕了吧！更何況臉上的殘妝？彩妝可能含對肌膚有害的化學成分，而毛孔中的油脂也正慢慢地蘊釀成粉刺；開放型粉刺跟洗不乾淨的髒污混合氧化就會變成黑頭，也可能變成閉鎖型粉刺並衍生成痘痘；再加上老廢角質混和髒污沉澱於角質層變成黑斑；洗不乾淨的眼線還變成了黑眼圈特效，你的肌膚開始不透光，蠟黃黯沉，毛孔被堵塞，細胞無法呼吸！保養品吸收不了，這樣一天天的累積下去，你的肌齡鐵定會老 10 歲，初期可能還沒多大感覺，但那只是時候未到，我絕對不是在嚇大家。

超推薦！
卸妝產品

ETUDE HOUSE
完美卸幕～
無油無膩水潤卸妝露

ORBIS
澄淨卸妝露

CLINIQUE
溫和型卸妝慕絲

ETUDE HOUSE
蘇打粉深層毛孔卸妝霜

IPSA
逆齡再生溫感卸妝凝露

后
拱辰享氣津清顏膏

Freshel
卸粧按摩霜

SHISEIDO
淨白肌密卸粧凍蜜

CREMORLAB
T.E.N. 礦物能量活氧卸妝泡泡

卸妝 *How to do？*

今天就這麼檢視看看吧！晚上幫肌膚卸妝並清潔後，在基礎保養時使用化妝棉及化妝水先行將肌膚擦拭一遍，當化妝棉有泛黃泛黑現象就是清潔不完全，但你可能已經努力的卸妝洗臉了，但毛孔中的髒污是很不容易被去除的喔！或者也有可能是因為你使用了不適合的卸妝品，例如明明是大濃妝卻只用無油卸妝水，或使用了 **BB** 霜就以為只要洗臉就好，這樣是不對的。如果妳問我，那眼唇就一定就要用專用的卸妝品嗎？我的答案絕對是「對～的」，因為選擇眼唇專門的卸妝品，可以減低對肌膚的傷害，這兩個部位的肌膚相對脆弱，需要更細心呵護，眼唇專用的卸妝品成分溫和，是照顧肌膚的小幫手。搭配化妝棉，敷在卸妝部位，靜置 30 秒左右，再輕輕地帶走彩妝，切記千萬不要過度地摩擦皮膚，否則反而容易破壞細胞組織，造成揮之不去的可怕小細紋。

容易卡乾粉的雙頰也要特別注意卸妝。

卸眼妝的時候要輕按 5 ～ 8 秒。

Step 3

卸嘴唇的時候，可以順著唇部紋理來按摩。

Step 4

法令紋位置要用打圓的方式來卸妝。

Step 5

鼻翼兩側更要注意卸妝，才不會變得黑黑的。

Step 6

睫毛要用棉花棒沾取卸妝產品來卸妝。

Step 7

特別注意眼頭是否有卡到眼影或睫毛膏。

Step 8

嘴角邊緣處，邊卸妝邊注意看看是否有脫皮現象。

LA ROCHE-POSAY
高效溫和眼部卸妝液

PAUL & JOE
防水眼妝專用卸妝液

CLINIQUE
紫晶唇眸淨妝露

RMK
卸眼露

THE BODY SHOP
洋甘菊眼唇深層卸妝液

ETUDE HOUSE
完美卸幕～
睛彩完睫卸妝露

原來卸妝要分派，才能還我吹彈可破好膚質

濃妝派

每天都有化妝習慣，而且是全妝，包括粉底、眼妝、腮紅、口紅等濃妝時，妳的卸妝產品最好要含有油分，例如卸妝油及卸妝乳，而卸妝油有個好處是可以連防水眼妝也一起卸除，彩妝透過油質成分來溶解，可以快速達到卸妝效果。現在市面上的卸妝油大多非礦物油，對於肌膚不再是負擔，乾性肌膚的人還可以得到保護。

超推薦！
卸妝油產品

dermalogica
全效純植潔顏油

BOBBI BROWN
茉莉沁透淨妝油

DHC
深層卸粧油

DHC
淨透水感卸粧油

TISS
深層卸妝油 -
乾濕兩用淨化型

肌研
極潤保濕卸粧油

Za
零黏膩保濕卸妝油
（乾濕兩用型）

Melvita
歐盟 BIO 王者玫瑰
凝小潔顏油

超推薦！
卸妝乳,產品

ReVive
精萃潔膚乳

RMK
潔膚乳 EX

COWSHED
薰衣草
輕柔潔面乳

NUXE
玫瑰卸妝乳

THE BODY SHOP
維他命 E 保水卸妝乳

PAUL & JOE
橙花水凝潔膚乳 N

平常只上隔離霜、BB 霜之類的，甚至只上一點粉餅的人，這樣的妝容其實只要選擇像是卸妝露或是卸妝液就足夠了，還有像是洗卸合一的產品也很適合淡妝派，因為這類型的卸妝品成分相對溫和，油質成分的含量也不會太高，簡單快速讓清潔做得更到位。

超推薦！
卸妝液產品

BIODERMA
舒妍高效潔膚液

GARNIER
全效保濕卸妝水

skincode
All-in-one 高效潔膚液

YSL
名模肌密 3 合 1
機能卸妝水

sisley
極淨植物保養卸妝液

KRYOLAN
植物淨膚卸妝液

Avene
玻尿酸保濕卸妝液

基礎清潔最重要，
肌膚狀況從底做起

洗臉

當肌膚已經完成彩妝髒污的卸除後，那洗臉呢？洗臉的目的就是將臉洗乾淨而已嗎？這是大部分人的想法，所以不會特別重視洗臉這一關，甚至馬虎帶過。

「洗乾淨」並非只是指洗去髒污，也意指帶走肌膚表皮層的老廢角質等等，所以臉洗得好，肌膚自然膨潤健康，毛孔也能乾乾淨淨，老廢角質層不易亂堆積。乾淨的表皮層更能讓後續保養效果大提升，當保養品正需要被好好的吸收時，卻被臉部的老廢角質給阻擋，或連帶也幫髒污一起保養了，這樣很不 OK 吧！這就跟彩妝卸不乾淨所帶給肌膚的困擾是一樣的。

所以說呀，洗臉可是一個很重要的儀式啊！

從水溫的控制，到泡沫的選擇，還有應該從哪個部位開始洗等都是學問，正確的洗臉方法可以洗得很舒服，也可以洗出

好膚質，而錯誤的洗臉方式極有可能將兩頰的斑點都給洗出來。好好地洗完臉後是不是就很喜歡鏡中一臉乾淨的自己，更希望肌膚可以永遠都能這麼乾淨透亮。

你的洗臉習慣是哪一種派別呢？其實不管是乳派、粉派、皂派、露派或慕絲派，其實洗顏時最享受、最不過度刺激肌膚的是泡泡派，因為濃密的泡泡除了可以吸附臉上的髒污油脂外，還能減少手部對肌膚的摩擦。

Perfect 洗顏專科
超微米潔顏慕絲

RMK
洗顏慕絲

L'OCCITANE
蠟菊潔面慕絲

IPSA
自律舒緩泡泡

KIEHL'S
金盞花植物精華
潔面泡泡凝露

Melvita
歐盟 BIO
花妍潔面慕絲

innisfree
純淨綠茶
保溼潔顏泡泡

SUSIE N.Y.
淨白無限
卸洗雙效慕斯

ESTEE LAUDER
細緻煥采
多機能潔面慕斯

THE BODY SHOP
茶樹深層淨膚潔面慕絲

ETUDE HOUSE
緊囊妙劑～
七合一毛孔對策潔淨慕絲

ettusais
高機能保濕
潔顏慕絲

洗臉 How to do？

曾有個「摩擦肌膚洗顏一個月」的實驗證明，過度搓揉雙頰的潔顏法，雖然感覺起來可以將臉部給洗乾淨，但也因為雙手摩擦臉部肌膚過度，兩頰開始出現斑點的案例，所以清潔不一定只能靠用力的摩擦。而使用產品的選擇也可依喜好及膚質選購，例如溫和清爽的洗面乳或露、清潔力優的酵素粉、肥皂，它們都可以使用起泡網來搓出濃密的泡泡，並統一成為最呵護肌膚的泡泡派。

那泡泡應該從哪個部位先下手呢？大部分都是從臉頰開始，就如同漂亮的潔顏 TVCF 一樣，這是錯誤的示範！因為 TVCF 不能遮住 Model 的臉蛋啊！**因此泡沫需要停留最久的部位應該是最髒的部位，也就是我們的 T 字部位。**

1. 以泡沫充分的覆蓋 T 字部分並簡單搓揉後，接著才是最不容易藏污納垢的兩頰。
2. 接著再用溫水 (30℃) 以潑灑的方式來沖掉泡沫。
3. 最後再以乾淨的毛巾用按壓的方式按乾水分！完成！

但習慣在沖澡時順便洗臉的人要注意囉！通常沖澡的水溫都會過高，每天以這樣的水溫來洗臉的話，肌膚遲早會變成敏感肌，所以請記得一定要降低水溫再洗臉。

而目前市面上也推出了多種洗顏機，但洗顏機的概念並非是在幫懶人洗臉，而是在幫你清洗指腹清潔不到的部位例如深層毛孔，而且並不需要每天使用，夏天可隔天使用 1 次，冬天則一週使用 3 回即可，這樣洗顏機才能發揮最高的功效，而不至於過度的清潔傷害肌膚，選擇的款式不妨也以振動式清潔機型為優先。

超推薦！
洗臉皂產品

DHC
天然草本綠茶皂

DHC
Q10 晶妍皂

IPSA
海洋礦物皂

ERNO LASZLO
逆齡奇蹟 死海礦泥皂

VIVANT JOIE
黃芩植草潔膚皂

定時定量堅持做，
自然擁有羨慕美肌

去角質

指甲長了就需要修剪，否則容易藏汙納垢，影響健康，甚至
生病。而角質就像是皮膚中的指甲一樣，需要定期清除，以
免造成肌膚的負擔，阻礙保養品的吸收。如果你常常覺得「怎
麼擦了一堆保養品，肌膚狀況還是不見改善？」，其實暗藏
非常大的可能性，是你沒有確實做好「去角質」的保養前置
作業。

什麼是角質？角質是人體會自然增生的一種物質，隨著固定
的週期，由皮膚的基底層慢慢往表皮層推移，適當的角質可
以防止皮膚受到陽光中紫外線的傷害，甚至預防肌膚中養分
和水分的流失。但是，當肌膚的表皮層累積過多的角質時，
反而會阻塞毛孔，破壞肌膚的正常代謝，這個時候，就是我
們需要「去角質」的時候了。

角質汰換代謝的週期，一般而言是二十八天，但是現代人生
活壓力大，或是長期處在汙染的環境下，這些種種的外在因

素，都會影響角質代謝的循環週期，甚至造成肌膚刺痛、紅腫癢的現象，加上個人體質也會有所差異。因此，每個人需要定期去角質的頻率也就相去甚遠，我認為還是要透過經驗值調整去角質的頻率，檢視自己去完角質後的肌膚狀況，找出自己的肌膚最能適應的頻率。

如果沒有定期去角質，皮膚容易暗沉、沒光彩，甚至橫生皺紋，黑頭粉刺一大堆，膚色不均，毛孔粗大，狂擦保養品還是無法吸收，這些問題夠嚴重了吧，所以，我真心奉勸大家，角質一定要勤勞地消滅它。

至於角質怎麼去呢？卸完妝，在洗臉之前，先將臉上的水份以毛巾壓乾，切記要用按壓的方式！如此一來，才能減少肌膚的摩擦，小細紋才不會悄悄找上門。接著，塗上去角質的產品，輕輕地以畫圈的方式按摩臉部，肌膚會開始出現一點點小小的屑屑，這就表示，老舊的角質被代謝去除了，毛孔粗大的部分或是鼻翼兩側，是最容易堆積老廢角質的地方，這些部分一定要特別照顧，才能確實清理乾淨！

知道怎麼去角質之後，你一定會想，那到底該用哪一種去角質的產品呢？如果完全沒有概念，甚至不知道自己的肌膚屬性，油性乾性傻傻不清楚，**那你選擇凝膠質地的去角質產品準沒錯，這種質地的產品適用任何膚質。**至於如果是屬於油性肌膚的人，則可以選擇使用具有顆粒的磨砂膏，利用物理性的

原理帶走老廢角質，或是一些泥類的產品，除了可以去角質，也有吸收肌膚多餘油脂的效能。乾性肌膚的人，選用去角質產品有一個大忌要牢記，含有酸性物質的產品千萬不要碰，讓凝膠質地或是乳霜質地的去角質產品，溫和地對待肌膚，肌膚才不會愈來愈脆弱。

我們的臉就像是家裡的大門一樣，把門前的垃圾雜物清掃乾淨，時時保持潔淨整齊的樣子，住起來自然神清氣爽，而臉上的老舊角質就是那些不乾淨的垃圾雜物，確實清理去除，肌膚立馬透亮不緊繃，增加吸收力，保養品怎麼擦怎麼有效，絕對是抗老的基本功啊！

BOBBI BROWN
煥亮淨顏粉

ORBIS
小感清肌凝膠

Za
高效潤白
新生亮顏去角質按摩泥

IPSA
泥狀角質按摩霜 EX

CLINIQUE
七日按摩霜

BIODERMA
淨妍控油去角質凝膠

THE BODY SHOP
茶樹淨膚淨化磨砂膏

ORIGINS
執米不悔
天然微晶煥膚霜

現代人保養心機，
表面工夫絕不能少

化妝水

很多人的做法是這樣，化妝水只將全臉拍濕，而且每個部位都有拍到就好，也有皮膚科醫師說化妝水是基礎保養中可以被剔除的品項，但真的是這樣嗎？

我們以人體來形容好了，當人起床時腸道其實還在賴床，因為不會有任何部位幫你通知腸道該起床的時間，而它的工作就是消化食物，所以如果沒有食物進入，它根本不知道何時要開始工作，也因為這樣前一晚囤積在腸道中的老廢物質只好以龜速慢慢的蠕動，又如果第一口吃進肚的食物對它沒幫助，接著就會產生消化道問題，例如大家最困擾的便秘。因此起床的一小杯 250cc 溫水，就是在幫你叫腸道起床，並開始準備工作避免「塞車」。

換句話說，為什麼基礎保養中的第一道步驟要叫做「醒膚」？

因為肌膚跟腸道一樣必須被叫醒，它才知道要開始工作了，

而它的工作就是吸收保養成分，如果一開始就給它吃重口味一定會消化不良，所以就像一早要先給自己一杯溫水一樣的道理，化妝水類保養品就像是那一杯暖身的溫水。

早期的化妝水成分只重濕潤及清潔，因此也許不那麼重要，但現今的化妝水大多更名為機能水或醒膚露等等，甚至還添加與精華液同等級的成分，可以更確實的做到叫醒肌膚並潤澤的工作。但也因為名稱變得更多樣化了，功能也大大提升，很多使用者反而搞不清楚使用流程，反正水類保養品，或者就算有一點濃稠，它都是第一道程序無誤，一方面分子較小的保養品於第一道使用，也較容易被吸收到肌底層，幫忙做到喚醒及疏通保養管道的功效。

現今的化妝水甚至還做到了「前導」的概念，前導的意思就像是隊伍中的第一人一樣，得負責幫後續的保養品開導出一條通暢的道路。第一關的保養前導如果沒做好，後面再多的保養品無法被吸收就相當浪費了。也因為化妝水通常是保養系列中最大瓶，單價卻又較親民的選項，意思就是要讓消費者一定得足量使用才能發揮潤肌作用。化妝水用得巧，就如同乾燥的海綿吸飽了水分一樣，除了會膨起來，連孔洞也可以變密變小。

DHC
滋養化粧水

AROMATHERAPY
ASSOCIATES
玫瑰保濕爽膚水

ettusais
零毛孔保濕
雙效化妝水

ORBIS
水原力化妝水

KIEHL'S
金盞花植物
精華化妝水

M·A·C
亮白 C
保濕化妝水

NUXE
玫瑰柔膚水

Za
美麗關鍵 高機能
保濕化粧水

THE BODY SHOP
蘆薈舒緩調理水

Melvita
歐盟 BIO 玫瑰花粹

保濕專科
化粧水 (滋潤型)

AVEDA
植萃精華平衡露

而平常總是覺得肌膚吸收不了保養品的人，更應該要在化妝水這關好好使用，甚至可以用按壓加上濕敷的方法來讓肌膚的管道暢通。按壓的手法其實也是在幫肌膚做簡單的循環按摩，只要在保養時多花一點時間讓化妝水確實吸收，讓肌膚用最佳的狀態去迎接後續的精華液、乳液或乳霜，就能確實吸收並作用於肌膚上。

所以總歸一句話，如果沒有好好上化妝水，疏通妳的肌膚開關，再貴的保養品也是枉然。

況且現代人的保養更是講究心機，不然怎麼跟別人比拼，我一直認為保養還是要講求方法，事半功倍的保養才能讓妳掐出時間，可以去做點別的事情，最簡單的「五點按摩法」然後搭配表面功夫的的化妝水保養，就讓我們從保養的一開始就先贏在起跑點。

五點按摩法 *How to do ?*

Step 1

Step 2

Step 3

先從眉心開始按摩，先舒緩額頭區塊的壓力，建議可以按壓約 5 秒，重覆三次。

接著是內眼角跟山根交界處，這裡可以消除眼周的疲勞，能讓眼睛明亮，眼睛會變得更有精神。

然後再往下到眼睛下方，所謂眼袋處位置，這裡的舒壓按摩能舒緩眼周的壓力，同時達到減少眼周暗沉的現象。

Step 4

Step 5

指腹按摩的重點在深度往下按，但卻要穩定讓氣流能夠互動，按壓蘋果肌位置的功能就在氣色自然呈現，讓妳的兩頰呈現出白裡透紅的效果。

最後放在人中位置，除了可以促進嘴角邊緣的循環之外，還能改善臉部浮腫的問題。

CLINIQUE
勻淨光透超導晶露
(3、4 號肌膚適用)

后
天氣丹華炫重生水

BOBBI BROWN
晶鑽桂馥賦活露

VIVIBEAUTY
柔敏純露

CLINIQUE
勻淨光透超導晶露
(1、2 號肌膚適用)

ReVive
精萃活膚露

ETUDE HOUSE
水足感膠原凝露

L'OREAL
水清新葡萄籽
面膜精華水

L'OCCITANE
蠟菊精華露

肌研
極潤 α 緊緻彈力
保濕化粧水

ORBIS
潤澤活顏化妝水

素顏美人大作戰，
精粹成分一次到位

精華液

你捨不得買精華液嗎？或買了捨不得用嗎？當你的肌膚開始
進入老化階段，或急需被修護調理的時候，就一定要用精華
液。

精華液，顧名思義，就是將對肌膚最有效的精華成分全都一一
濃縮後，填裝進 30ml 或 50ml 精美的小瓶子裡，所以通常
在保養品中的單價也較高，當肌膚開始有老化現象或受損現
象時，就應該要將精華液加入基礎保養品中，沒錯！其實精
華液應該要被納入在基礎保養品的品項之一。

而精華液的成分內容以各品牌特色為主，例如天然有機品牌
主打純植物配方，大多添加了植物精萃、植物油或植物精油
香氛等等，運用植物的力量來達到美肌力；有些品牌則會主打
以智慧科技研發的成分，去改變既有的成分因子，進而達到
保養的成效；另外也有以各種酸類成分聞名的醫美品牌；也有
以純中藥材為主力成分的品牌。精華液分為全天使用款，或

只針對夜間修護使用的產品，每個品牌都將畢生精力，用來打造出最具有保養成效的精華液，但重點是消費者對精華液的使用方法卻滿頭問號。

精華液中的成分為達良好效果，大多希望消費者可以在成分最新鮮、最具活性的時候使用完畢，尤其是一開瓶就要盡早用完，但消費者往往因為精華液單價較高而捨不得使用，形成使用量不足及沒有持續使用的問題，花了錢但卻享受不到產品帶給肌膚的成效，加上有時候櫃姊希望塑造出一種產品「很划算」的形象，會強調「精華液具高延展性所以只需使用一小滴」的錯誤觀念只為達到業績，但如果客戶無法感受到良好的效果，未來反而不會再回購。

以 30ml 精華液來說，一次使用量如果應為 0.5ml 的話，大約為按壓到底的一滴或一整個滴管的使用量。早晚都使用的話，一天則會使用到 1ml，30 天內就絕對可以用完一瓶 30ml 精華液，而 50ml 的產品成本就更划算了，也可以延長使用時間到一個半月左右，所以當精華液用了一整季甚至一年內都用不完的人，那瓶精華液就拿來擦身體吧！因為瓶中的成分已經失去最新鮮的作用了，另外包裝外的保存期限也是未開瓶的參考日期。可千萬要記住，使用精華液的方式除了要足量外，是否要搭配按摩則看該產品的吸收力，而且吸收力快慢並非用來判斷產品好壞的原因，吸收力太快並完全吸收的產品也不見得好，好的產品成分其實會分成大小不同

的分子，小分子能進到肌底層、中分子能停留真皮層，而大分子則可以覆蓋在肌膚表面幫助鎖水，所以完全被肌膚給吸收的成分除了無法按摩，肌膚表面清爽其實仍很乾燥，最後就一定要再塗抹滋潤度足夠的保養品才行。

另外使用完化妝水後，一定要用手溫充分的讓化妝水吸收，才能進行精華液的使用，有的精華液甚至也可以使用於眼周肌膚，省去另外購買眼霜的預算喔！

超推薦！
精華液產品

skincode
ACR 無痕抗皺濃縮精華

RMK
彈力緊緻菁萃

PAUL & JOE
橙花瓊漿保濕精華液

L'OREAL
活力緊緻
V形塑顏精華

后
重生秘帖

Kanebo DEW SUPERIOR
潤活精純露

CLINIQUE
深層活化奇激光三效修護露

SK II
青春露

KIEHL'S
高效撫紋精華

BOBBI BROWN
瞬間喚膚精華液

ESTEE LAUDER
微分子肌底原生露

KIEHL'S
激光極淨白淡斑精華

養護青春好膚質，
分齡化保養最重要

乳霜

很多人一聽到「乳霜」就臉色大變，乳霜保養品一度在台灣市場上很難生存，因為大家都覺得只有上了年紀的太太才會用乳霜。就像之前女孩們總說，只有她們家的奶奶才會抹唇膏，殊不知現在唇膏不但搶回時尚唇彩市場，連抹唇膏的 POSE 都被票選為最能代表性感的動作。

一罐如此重要的乳霜怎會這麼不受用呢？因為台灣的氣候，加上晚上睡覺開冷氣是一種奢侈，所以在又黏又濕熱的環境中，巴不得什麼都不要塗抹，於是肌膚在無法吸收有效的滋潤成分下，慢慢變成對外毫無抵抗力的問題肌，自禦能力也慢慢消失變成敏感肌，所以亞洲人油水不平衡的混合性肌膚居多，肌膚的結構缺少養分所以不健全，因此無法面對一年四季的高溫低溫交替，更無法對應室內外高低溫差的問題，於是飆油及乾荒問題一直來。

但消費者又很懂得保濕，整套保養品都是清爽無油保濕型，

更讓肌膚營養不良，吃不了水更留不住水，所以就一直在問題肌膚的循環中跳不出去。當然市面上有些像果凍般的晚安型凍膜，至少可以解決基本肌膚表面水分流失的基本問題，但殊不知真正要鎖水的部位應該是從肌底層做起，只是將肌膚表面封起來的鎖水方法都只是一時的作法。

各大品牌仍不放棄的不停努力，一直從如何讓消費者提升使用好感度的方向研發產品，如何以容易接受的質地來讓消費者願意使用，於是將各種肌膚需要的油跟水加到化妝水、精華液中，乳霜也開始針對質地及成分設計出各種年齡層及各種膚質適用的產品，例如同樣的成分設計成乳霜及凝霜質地，分成早上、晚上使用，甚或冬天、夏天使用，甚至是輕齡、熟齡及乾性、油性肌使用等等。

各大品牌也開始以偶像級代言人來推動「乳霜年輕化」的概念，各熟齡品牌也紛紛推出輕齡低單價系列來吸引年輕族群，讓使用乳霜變成一種小時尚，年輕女孩們的下午茶時間也開啟了「你都用哪一款乳霜？」這樣的話題，讓乳霜成功的進入亞洲保養市場，也成為基礎保養中的必備單品。

能巧妙的在最佳使用時機使用乳霜的肌膚，才能感受到全面的 Q 彈膚質，也不容易受到各種環境因素的傷害，因為肌底的油水平衡了，纖維母細胞自然可以乖乖的排列整齊，各個環節也擁有足夠的營養可以運作及修復受損。最少在晚上都

要讓自己習慣性的使用乳霜，白天則可以用防曬隔離妝前乳來代替滋潤肌膚的產品，而晚上的乳霜可依季節分成乳霜或凝霜，而且使用乳霜時是最好的按摩時機，不論是拉提式按摩或淋巴排毒按摩都可以，這樣才算是完成整個完整的保養程序，讓妳不想變美都不行。

超推薦！
乳霜產品

CREMORLAB
72 小時保濕絲絨雪花霜

skincode
24h 新肌活膚霜

VIVIBEAUTY
180 魚子活齡霜

AQUALABEL
保濕水乳霜

NUXE
蜂蜜舒緩修護晚霜

L'OCCITANE
蠟菊賦活霜

ettusais
喚顏肌密
全效保濕水乳霜

ERNO LASZLO
PH 平衡水柔緊緻霜

innisfree
濟州寒蘭複合滋養霜

SK-II
肌源新生活膚霜

KIEHL'S
冰河醣蛋白保溼霜

保濕專科
特潤乳霜

Impress
IC 活膚乳霜

ReVive
極緻抗皺嫩白晚霜

AROMATHERAPY ASSOCIATES
玫瑰尊寵乳霜

DERM iNSTITUTE
青春煉金超能眼霜

Chapter.3

今天微整，
明天變美

保養雖然可以簡單搞定，但還是需要一段時間才能收到成效，如果妳對於變美迫不急待，或是明天剛好要赴重要的約會，就是要今天「立馬變美」！微整形絕對是你搶救美麗的好朋友，這個章節明川老師將以親身經驗替妳剖析介紹最快速有效的微整療程。

黑斑雀斑一網打盡，
淨膚雷射一次搞定

· · · ·

保養是長期抗戰，每天的回家作業，至於微整醫美，就是急救美麗的好朋友，生長在高科技日新月異時代的我們，實在應該好好利用這些偉大的發明，讓自己輕鬆變美麗。

痘痘問題藉著飲食的改善，或是擦上一些消炎藥，不用太久肌膚就會恢復正常狀態；粉刺可以靠著去角質，漸漸獲得改善，但是，黑眼圈、黑斑、雀斑這些皮膚中的黑色素問題，總是最難對付，常常擦了一堆淡斑的產品，頑強的黑色素依舊原封不動停在那邊。這個時候，醫學美容的新貢獻「淨膚雷射」，成為打擊黑色素的秘密武器，是現代人讓自己的皮膚更透亮無暇的福音啊！

淨膚雷射的原理主要是透過 1064nm 及 532nm 雙波長的功能，有效打擊深層的黑色素，並且可以根據治療改善部位的症狀程度，調整波長，讓黑色素被擊破後，立即變成「白色糖霜化」，再經由人體的自癒代謝機制，達到淨化肌膚的效果。這個療程除了適用各種深淺層的去斑，如果有需要去除刺青或胎記的需求，也可以統統搞定喔！

接受治療的過程中，幾乎沒什麼痛感；術後也不會有任何的傷口，即使是最高能量的程級，同樣溫和不傷害肌膚；除了消除黑色素，擊退各種斑點，達到淨化肌膚的效果，最重要的是術後肌膚不會反黑；對於忙碌的上班族而言，無需恢復期也是其一大優點。上述這些因素，就是這個療程受到許多人青睞的原因，請大家不妨試試看喔！

每個人的肌膚狀況有所差異，敏感度也高低不一，因此接受療程的時間間隔相對需要根據個人的體質調整，通常三到四週的間隔是平均值，淺層的斑約莫需要一到二次的治療，深層斑或刺青則需要超過三次以上的治療。術後還是可以正常上妝，但妝感盡量不要太濃，造成肌膚多餘的負擔。一週內暫停使用去角質、美白、還有果酸或 A 酸的保養產品，以及不泡溫泉、三溫暖、做劇烈運動，並加強保濕與防曬的護理工作。

如果你也是飽受黑色素沉澱困擾的人，我強烈建議你來試試看這個療程的效果，包準你一試上癮。

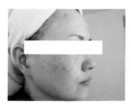

Before

After

極線音波拉皮，
幫你找回肌膚的緊緻度
● ● ●

人體的自然老化，是不可逆的生理循環，想要一輩子永保春青，似乎是不可能的事，即便你擦了再多再好的保養品，或是堅持養生的飲食生活方式，每天勤勞運動，也只是延緩老化的速度，肌膚還是會隨著歲月的流逝，一點一滴的留下痕跡啊！

這樣聽來挺嚇人，我也不是建議大家把自己變成千年如一的不老妖精啊！但既然現代科技這麼進步，藉助外在的力量，維持青春美貌，提高肌膚的緊緻度，也不失為讓自己變得更好的方式，接下來要介紹的「極線音波拉皮」療程，就是幫助你找回青春的秘密武器。

極線音波拉皮是以非侵入的方式，運用聚焦式超音波能量，直接作用到拉皮手術才能拉提到的 SMAS 筋膜層及皮膚基底層，精準傳輸能量至皮下，加熱深部組織。聚焦式超音波技術，可以精準掌握需要治療的部位，可針對三種不同的治療深度：1.5mm(皮膚層)、3.0mm(皮下組織層)、4.5mm(SMAS筋膜層)，分層拉提並在治療中可以即時觀察、隨時調整能量

的落點，不會造成皮膚表面的傷害，並誘導自體膠原蛋白的新生。

以往的電波拉皮治療，通常可以改善皮膚鬆弛老化現象，但其電波能量僅能達到淺層皮下組織且溫度較低，通常需要多次反覆加熱才能達到理想效果，相對的也就提高了熱燙傷的風險，因此，極線音波拉皮的出現，不但大幅降低治療產生的危險性，也因為可以隨時調整能量的強弱，治療效果更自然。

此外，電波拉皮會產生疼痛感，需要敷上麻藥才能施打，反觀音波拉皮則完全不會產生疼痛感，不必上麻藥，就能直接上場接受治療，超級方便。

年紀愈大，身體的肌膚就愈來遇抵抗不了地心引力的摧殘、皺紋、肌肉鬆垮、蘋果肌下垂、眼周出現眼袋及淚溝、魚尾紋、一圈圈如樹木年輪般的頸紋，或是超難對付的鬆弛下巴線條，甚至是懷孕後出現的妊娠紋，或肥胖時產生的肥胖紋、手臂瘦不下來的掰掰肉等，都是這個療程可以一次消滅的對象，讓你無需動刀，也能永保年輕狀態。

讓曬白機
陪你征戰每個夏天

· · · · · ·

雖然我很不想提倡「一白遮三醜」這種有點老派的觀念，每個人的膚色都會隨著長相的不同，而醞釀出獨特的個人特質，真的沒有白一定漂亮，這種絕對的概念。但是，不可諱言，大部分的東方女人還是會被這個膚色的迷思給制約，總是不停地追求白還要更白，那些我們熟知的國際美妝品牌，更是為了廣大的亞洲女性，不斷推陳出新美白產品，原因無它，就是東方人的美白錢好賺啊！

如果你是自信的小麥色女孩，這一篇我認真勸你可以跳過，因為健康的小麥色多迷人，穿起高彩度的衣服多亮眼、多有型。但是，如果你是以美白為終身志業在經營的人，或是厭倦了既不是小麥色也不是屬於白皙肌膚的人，接下來的介紹你不能錯過，那將是追求美白的你，需要認識的新朋友。

「曬白機」這個聽起來就酷的機器，是不是讓人很想要試試看，到底是有多厲害？這個機器就像是讓身體接受像臉部的蒸氣噴霧 SPA 一般，噴霧粒子很小很小，將美白肌膚的成分有效滲透進肌膚，並且利用風力流動的原理，一邊噴霧同時

具有乾身的效果，讓全身一次獲得全面性的亮白營養素，如此一來，膚色可以白得很均勻。

夏天對於每個女人來說，是一場硬仗啊！不是無袖背心、迷你裙，就是沒完沒了的比基尼派對，布料少，膚色就不能不顧，曬白機的出現，讓你四週就能速成白皙美人。從此不需要無時無刻打著陽傘、每天狂擦美白保養品或是高係數的防曬產品，只要做好簡易的防曬工作，搭配曬白機的療程，你就能戰勝每個夏天。

減肥塑身都靠它 ——
酷爾塑平

· · · ·

減肥是每個女生終其一生的功課，也是每個女生一聊就停不下來的話題，好像永遠總是有不同的方法可以 follow，流行斷食就是跟著不吃東西，上健身房運動有效就集體報名，更別說那些沒有科學根據的小偏方，減肥的方法五花八門，但真正有效的有幾個呢？

我們都很清楚健康均衡的飲食，良好的作息，加上定時定量的運動，就是減肥最好的方法，但是，能夠持之以恆的人，真的寥寥可數啊！現代人太忙碌找不出時間運動，誘惑太多，一下聽說哪邊開新餐廳就趕著去嚐鮮，以及無數的社交應酬聚會，在在都讓人沒辦法好好落實健康的減肥方法啊！

但是，如果就此讓身材自由發展，隨著年紀的增長，腰線只會愈來愈失控，贅肉只會愈來愈大坨，等到你想要挽救的時候，就已經大勢已去，需要花上雙倍的工夫來打擊肥肉。這個時候，我會小小建議大家，不妨利用醫美的技術調整身型，「酷爾塑平」這個新型的冷凍溶脂療程將是一個不錯的選擇。

傳統的抽脂手術，雖然可以快速大量的拿掉身上多餘的脂肪，但是侵入性的手術，卻容易產生風險，而且術後的不適感與恢復期也相對來得長。然而，酷爾塑平技術的出現，則解決了傳統抽脂手術的一些風險，利用人體內不同組織對於低溫有不同的耐受度原理設計而成，皮下脂肪是皮膚中最不耐低溫的部份，因此利用脂肪不耐冷特性，使用攝氏 4-5 度的皮膚冷凝治療器，將冷凍波傳送至想減肥的部位，例如：腰部，腹部、背部、臀部等難搞脂肪，遇冷的脂肪會自我凋亡 (Aptosis)，透過身體自然代謝過程，溫和地排出體外，完全不需外力介入，一次療程通常可減少近 22% 的脂肪。

每次療程約 1 小時，建議接受 2-3 次治療，每次間隔 3 個月，效果尤佳。治療過程中如感到冰麻或紅腫，屬正常現象，持續數天至數週後即消失。治療之後即可馬上回覆正常生活。臨床經驗中，手術中沒有人需要使用藥物止痛，更不用任何麻醉方法。治療期間，所有人能舒適地享受閱讀、看電影、打電腦甚至舒服小睡。

做完溶脂手術，雖然暫時將身上多餘的脂肪拿掉了，但是如果沒有持續控制飲食，維持運動習慣，那些被消滅的脂肪，總有一天，還是會找上門，所以千萬不可以掉以輕心，才能永遠保持完美的體型。

Chapter.4

不費力的
心機美妝

一個完整的妝容化完，上班也遲到了，其實有沒有必要每天都得化如此全套的妝容？還是那樣只是讓妳看起來更老氣？其實化妝跟考試一樣，要懂得抓重點，這個時候，如果你懂得聰明方法讓氣色變好，眼睛有神，輪廓又立體，那麼不但上班不會遲到，還會讓人看了眼睛為之一亮，明川老師統統教妳用最偷懶的方法搞定。

Part .1

美妝小知識，一次搞懂

眼線大不同，
一筆決定好感度

眼線篇

我常在節目當中提醒大家，要讓眼睛變大，重點是「眼線」而不是睫毛。

東方人五官本來就相對比較平面，所以眼妝的重點是在線條，而且只有放大線條才能真正讓妳的輪廓有所變化。

「線條」包括了眉毛、眼線跟睫毛三個部分，眉毛決定妳妝容的風格、睫毛可以強化眼睛的立體度，而眼線卻能讓妳的眼睛更大更有神，當然不同的眼型要搭配不同的眼線，甚至不同的眼線化法也會呈現出不一樣的妝容效果，首先當然要先教大家如何化出一條又自然又深邃又放電的眼線：

Step
1

Step
2

先把下巴往上抬，找到睫毛根部的間隙，那位置我們稱它為「點」。

接著把「點」跟「點」間用眼線筆接在一起，視覺上就變成一條「線」。

Step
3

如果想讓眼睛再自然放大，可以在黑眼球上面再多化一筆，讓「點」跟「線」變成立體「面」。

完成囉！

129

這幾年韓妝當道，所以很流行拉長式的眼線，這樣的眼線可以展現出比較女人味的感覺，有些眼睛比較圓的人還可以讓整體妝感看起來成熟一點，不過如果是丹鳳眼的人就比較不適合這樣的眼線化法，眼睛下垂的人也不能化拉長式的眼線，因為這樣會讓眼睛看起來變單變小、失去眼線該有的放大效果，接下來就教大家化出完美比例的拉長眼線：

Step.1

務必要先確定好比例，在眼尾貼上透氣膠布，把眼線範圍找出來。

Step.2

由於東方人眼形關係，前寬後窄的線條比例可以減少失敗的可能，另外在眼尾向上勾勒也可以呈現出魅惑的眼神。

Step.3

如果想要凸顯線條感，也可以在眼中多化一筆，讓眼神更深邃。

—— 完成囉！

真正完妝的重點，其實是在下眼線
• • •

接下來就要進入進階版，那就是「下眼線」的教學，過去相關彩妝書都比較少著墨在下眼線的技巧，因為在傳統老派化妝術的分類中，會化到下眼線的妝通常都是舞台劇或是表演場合才會有，而且細細的一條下眼線很容易一個不小心就把眼睛變小，所以反而下眼線的技巧是愛化妝的女孩們更應該學習的加分祕技，與其說是技巧，倒不如說不同位置的下眼線會直接影響到整個妝容的風格。

甜美款

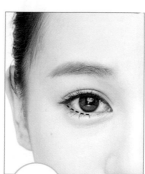

知性款

性感款

下眼線位置在黑眼球正下方。

下眼線位置在眼睛的後半段。

下眼線位置要化滿全眼。

ETUDE HOUSE
眼技精采
多重刷毛快乾持久眼線筆

shu uemura
炫彩絲滑眼線筆

CLINIQUE
豔力煙燻眼線筆

Kanebo LUNASOL
晶巧持久眼線筆

SHISEIDO MAQuillAGE
心機長效超激順眼線筆

heme
[迪士尼系列]
雙面魅力雙色
防水眼線筆

Kanebo LUNASOL
晶巧魅型眼線液

Majolica Majorca
獵愛眼神 零失手眼線液

Dior
彩妝大師
眼線筆

IPSA
3D 微整型眼線液

L'OREAL
魅眼名伶
極黑風暴眼線液筆

DHC
持久媚惑眼線液

超推薦！
眼線膠產品

BECCA
極限眼線膠

THE BODY SHOP
煙燻持久眼線膠

heme
炫亮防水
眼線膠筆

INTEGRATE
超順手抗暈
眼線膠筆

Za
一畫濃烈眼線膠筆

BOBBI BROWN
流雲眼線膠

DHC
24H 防水防暈
眼線膠筆

兩頰 OST，
創造滿滿好人氣

腮 紅 篇

這幾年的彩妝趨勢都強調眼妝，所以大家都拼了命追求各種
眼妝的技巧，但事實上從整體妝容來比較，「**腮紅」是可以
改變別人對妳的第一印象。**

一般腮紅的分類多以膚色來決定腮紅的顏色，膚色白皙的選
粉色、健康膚色選橘色，但對我來說，腮紅的選色不應該如
此單一，反而應該要從妝容風格來分類，粉紅可以表現出甜
美可愛甚至減齡的感覺，粉紅也可以讓妝感顯得輕透柔和，
橘色可以讓妝容看起來健康陽光，還可以讓妳看起來比較有
個性，當然腮紅位置也會影響妝容表現，所以不如我們就先
從位置說起：

How to make up?
完美 O 形微笑線

Step.1

先找出眼尾跟鼻翼交叉位置，這裡就是一般所謂蘋果肌的位置。

Step.2

接著再用打圓像是一個 O 字形的方式來上腮紅，這樣可以讓膚色提亮，同時也能讓臉形自然變小。

Step.3

如果妳是屬於白皙的膚色，可以搭配粉紅色腮紅，創造出自然好氣色；如果膚色比較健康，搭配蜜桃色可以讓膚色透亮；如果膚色偏黃的人，搭配玫瑰色系來修正提亮膚色。

How to make up?
俐落 S 形立體線

Step. 1
想要完美的臉形，可以拿大刷子沾取深一色號的粉餅從耳際往內刷，關鍵在要呈現出一個 S 形的線條。

Step. 2
這是 S 形的轉彎處，要把腮紅從耳際往內到眼尾交界處刷染，顏色也自然會從外到內漸漸淡掉。

Step. 3
最後讓 S 形停留在下巴處，這樣能讓臉形的視覺巧妙往內移，創造出不著痕跡的小臉效果。

How to make up?
提亮 T 形拋物線

Step.1

東方人五官天生比較不立體，修飾臉形上就必須多做出明亮的效果，像是大面積的額頭位置，就可以用淺膚色或是珠光粉紅色橫向輕掃一下。

Step.2

然後再把刷子從眉心往下刷到鼻尖，但重點是在山根處，而不是鼻頭，這樣額頭跟鼻子兩相搭配，才能完成立體的 T 字形。

Step.3

而有些人可能不單只是需要提高立體度，甚至因為臉頰凹陷，所以可以利用帶光澤的蜜粉餅，在兩頰位置做到打亮的效果。

一張面紙就可以搞定好氣色

一般腮紅化法其實都大同小異，也沒有什麼不得了的技巧，尤其當妳如果已經找到最適合自己的上妝位置，技巧也就不那麼重要，接下來就要教大家最簡單，我獨創的「**面紙腮紅上妝法**」。

Step
1

首先一定要用面紙，絕對不能用衛生紙，因為面紙的紙質才能讓顏色自然沾上臉頰，更不會在臉上出現棉屑。

Step 2

把面紙包成紙團狀，讓面紙團可以貼合蘋果肌位置。

Step 3

少量多次沾取腮紅，才不會一次下手太重。

Step 4

直接把面紙印在臉頰上，就像是蓋印章一樣。

Step 5

接著再輕輕疊壓推勻一下，就能讓腮紅呈現出專業的層次效果。

MAYBELLINE
時尚玩色 雙色立體腮紅

benefit
翹唇菲菲唇頰露

Za
3D 時尚小顏頰彩

BOBBI BROWN
星紗顏彩盤

Les Merveilleuses
LADUREE
浮飾仕女頰彩

CLINIQUE
俏比 QQ 頰彩棒

Dior
玫瑰粉頰彩

Dior
粉紅薔薇唇頰露

COFFRET D'OR
微笑俏顏修容

Majolica Majorca
粉嫩魔法腮紅

L'OREAL
輕透光感三色腮紅

IPSA
3D 微整型臉彩盒 EX

YSL
玩色炫耀唇頰蜜

INTEGRATE
璀璨花彩六色腮紅

CHIC CHOC
水感頰彩凍

RMK
經典修容 N

底妝好技巧，
點拍按壓輕推抹

底妝篇

底妝就像是現代女性的防護罩，有些人就算只是下樓去便利
商店都要上點底妝才敢出門，而且現在普及的化妝習慣也讓
大家更注重底妝的質感跟技巧，而底妝百百款，怎樣的底妝
才是真正適合自己，也是大家最關注的話題。

首先先幫大家把粉底分類一下：

• 粉底液
針對保濕成分加強的粉底，適合一般偏油膚質使用，優點是
粉感薄透，缺點是遮瑕效果比較差。

KATE
無痕美顏粉底液

sisley
清盈柔膚粉底液

INTEGRATE
超水潤無瑕粉底精華

Za
裸粧心機輕潤粉底液

shu uemura
鑽石光粉底液

laura mercier
專業零妝感粉底液

ORBIS
無瑕晶透粉底精華

BOBBI BROWN
自然輕透粉底液

PAUL & JOE
糖瓷防曬粉底液

• 粉底乳

加強滋潤度提升的粉底，適合一般偏乾膚質使用，優點是可以讓表面乾燥肌膚得到改善，缺點是容易脫妝。

超推薦！
粉底乳產品

KRYOLAN
HD 高解析
逆齡無瑕粉底

IPSA
自律循環粉霜蜜 EX

SHISEIDO
敏感話題敏弱粉蜜

ESTEE LAUDER
粉持久完美持妝輕透粉底液

THE BODY SHOP
潤澤防曬粉底乳

PAUL & JOE
糖瓷柔霧
防曬粉底乳

• 粉底霜

強調可以油水平衡的粉底，最大的優點是適用於各類膚質，
缺點是顏色選擇相對比較少。

超推薦！
粉底霜產品

RMK
水凝柔光粉霜

BECCA
極限無瑕粉底霜

ESTEE LAUDER
粉持久完美持妝粉底

COFFRET D'OR
完美絲柔粉霜 UV

Kanebo LUNASOL
輕透絕美粉霜

benefit
顏容易美膚霜

• 粉底條

保濕跟滋潤都較好的粉底產品，適合熟齡偏乾膚質使用，優
點是延展性強，缺點是容易因為質地悶阻塞毛孔而產生肌膚
問題。

超推薦！
粉底條產品

BOBBI BROWN
快捷輕潤粉妝條

CHATELAINE
潤澤柔膚粉條

• 粉底膏

適用於追求精緻妝效的粉底，優點是遮蓋力很強，缺點是妝
感看起來會太厚重、不自然且容易脫妝。

RMK
水凝光米粉霜

M·A·C
粉持色粉凝霜

SHISEIDO
時空琉璃御藏高亮采粉霜

laura mercier
柔光水潤粉凝霜

過去在挑選粉底大多以膚質狀況為準，但我比較建議大家挑選粉底的時候要以想呈現的妝效為標準，如果想要素顏感的底妝當然要選擇「液狀」或「乳狀」的質地，如果想要有比較好的遮瑕力，但又想要表現自然裸透效果，那就要選擇「霜狀」。另外如果是一些特殊場合或需求，想讓妝感持妝度更好，可以適度加入「粉底條」或是「粉底膏」，只要學會靈活運用粉底，自然可以打造出出神入化、以假亂真的妝容。

粉底 *How to do？*

接下來從技巧面來看：「點」、「拍」、「按」、「壓」四
步訣也要懂得見招拆招，搭配不同粉底質地也要有所取捨。

點

臉上分成七個區塊，尤其特別注意第 6 及第 7 區，因為早期
的彩妝教學多以 5 點分區，第 4 及 5 臉頰區的粉底常常因
為粉底量不足而產生乾燥缺水現象，第 2 區鼻子部分也容易
因為粉底過多而產生出油問題，所以完美 7 點才能真正讓粉
底自然均勻分佈、讓每吋肌膚都能完整跟粉底貼合。

一般上粉底多以指腹為主，但不同部位用不同技法，「拍」特別適合用在T字部位，因為T字部位容易出油出汗，利用「拍」可以適度喚醒毛孔張開，這樣可以讓底妝更貼，還能增加底妝的均勻度，不管是「液狀」「乳狀」或「霜狀」都適用。

拍

按

粉底搭配海綿粉撲使用，可以讓底妝跟肌膚更加密合，人面積像是臉頰、額頭等部位也會更好推開來，但如果想要延長粉底的持久度，可以將海綿用「按」的方式來上妝，因為有了「按」的動作能讓粉底更紮實，所以謹記一個小訣竅，那就是粉底會愈按愈自然，粉底會愈按愈持久。

換季或是冬天，底妝很容易脫妝浮粉，這時候除了要加強妝前保養之外，也可以在底妝的最後動作加入「壓」，利用掌心按壓可以增加肌膚溫度，同時也能讓粉體融合，但在「壓」的時候要小心掌紋會留在臉上，所以如果平時手比較乾的人可能用這招要斟酌一下，搭配乾淨的薄型粉餅海綿來做「壓」也會起到很好的效果。

壓

明川老師的
真心話

潤澤底妝有方法，底妝取巧更要有一套
· · · ·

肌膚難免會有一些突發狀況，尤其是現代人生活作息紊亂、飲食習慣不好、睡眠品質比較差，所以常有一覺醒來，肌膚風雲變色，乾燥脫皮、臉泛油光，最可怕的是還會有假性敏感現象，這時候除了避免化妝之外，其實還是有些底妝的急救辦法，讓妳不必措手不及，一樣可以亮麗出門。

只要在粉底裡面加入一滴精華液或是護膚油，這樣不但可以讓粉底升級變成保養粉底，還能讓粉底的質地有更多的保濕跟滋潤度，尤其放在臉頰位置，更能大大平衡狀況肌膚的膚色問題，另外做好妝前保養也是讓底妝服貼的重點，妝前噴上大量保濕噴霧，然後用面紙按壓，或是在上妝前疊擦高度保濕的妝前乳或是妝前霜，也是現代完美底妝的基本要素。

另外像是近年流行的 BB 霜、CC 霜等，也讓大家在打造好氣色有更多的選擇，過去 BB 霜是用來針對術後遮瑕修護使用，演變至今已經變成多效合一，結合潤色、隔離、粉底、粉餅以及延續保養的底妝產品，BB 霜有比較好的遮蓋力，所以要

用拍打方式上妝，後來又出現了所謂 CC 霜，除了強調有更好的潤色力，有些還加強了美白保養的功效，但因為 CC 霜劑型關係，所以用掌心溫度來推抹會有更好的效果。

超推薦！
BB 霜產品

L'OREAL
無重妝感 BB 精華

魔法天空
高清娃娃臉全效呼吸 BB 霜

THE BODY SHOP
ALL-IN-ONE
完美 BB 霜

肌研
玻尿酸保濕 BB 粉凝乳

ESTEE LAUDER
粉持久完美全效光感 BB 霜

超推薦！
CC霜產品

Miss Hana
水感控色 CC 霜

魔法天空
高清娃娃臉智能幻色 CC 霜

ETUDE HOUSE
貼身情人～
純淨天使輕裸 CC 霜

MAYBELLINE
鑽白光透 CC 霜

CLINIQUE
水磁場自動校色 CC 粉凝霜

粉妝不卡卡，
美麗自然不卡卡

粉餅篇

大多數女生的化妝包裡都有兩用粉餅，除了大家都知道的乾濕兩用之外，上妝補妝皆可用更是成為女孩們必備的彩妝單品，但我又經常看到很多人錯誤的粉餅使用法，要不就是妝整個浮在臉上像屍體，要不就是愈擦愈厚，看起來像是面具人一樣，所以在此要特別導正大家使用兩用粉餅的幾個常見的錯誤：

Tips

1.

如果有上底妝習慣的人，建議粉餅要選比粉底深一號，因為底妝色澤通常都會比自己膚色淺一點，再壓上深一號粉餅，就可以剛好是最自然的色調。

2.

如果只單擦粉餅的人，建議要選擇比自己膚色淺一號，因為有時候粉餅的色調容易變得比較沉，所以如果只單擦的人，淺一號會讓氣色變得比較好，但記得要定時補妝，才能讓好氣色一直延續。

3.

如果平常用粉餅補妝，記得要拿粉撲用拍打的方式補妝，但如果是直接拿來上妝的人，務必要用推抹的方式來上，兩種不同的方式能讓粉餅不再成為妳底妝的殺手，反而成為妳必勝底妝的好幫手。

4.

如果想要更通透的底妝效果，那我建議可以用蜜粉刷代替粉撲，拿大刷子沾取粉餅，既有粉底的遮瑕度，又有蜜粉的自然效果，我自己幫藝人上妝都是用蜜粉刷搭配粉餅。

另外像我幫藝人化妝，我大多還會搭配使用蜜粉餅，因為相對來說蜜粉餅的粉質更細，更能表現出裸透的效果，尤其在補妝時，蜜粉餅不會帶給肌膚負擔感，整體的妝容只會增加柔焦效果，卻不至看起來厚重，有些蜜粉餅還加了些許光澤度，對於暗沉膚色或是熬夜肌膚都有很好的作弊效果，輕輕一刷，真的讓妳乍看起來就是容光煥發。

Les Merveilleuses
LADUREE
糖霜蜜粉餅

Dior
雪晶靈極緻透白粉餅

AQUALABEL
無瑕美肌保濕粉餅

M·A·C
亮白水激光美白粉餅

BOBBI BROWN
羽潤親膚粉餅

Miss Hana
立體光感紗粉餅

laura mercier
專業零色差粉餅

PAUL & JOE
糖瓷輕透防曬粉餅

shu uemura
lightbulb 鑽石光粉餅

IPSA
自律循環
控油粉餅 EX

KATE
無痕絲潤粉餅

Za
美白煥顏兩用粉餅

明川老師的
真心話

氣墊粉餅正風行，裸透輕彈偽素顏

隨著韓流盛行，再加上韓劇女主角們的推波助瀾，網路上最紅的粉底關鍵字就是「氣墊粉餅」介於粉底液跟粉餅之間的濕潤粉餅，擦在臉上會有一點冰涼的潤透觸感，推開之後會變成偏粉狀質地，然後服貼度很好，很適合有毛孔問題的人使用，唯一的缺點就是遮瑕度比較差，當然如果是追求素顏感，自然在遮瑕度部分就不能過分要求。

使用方法很簡單，就是用粉撲輕壓粉蕊，然後直接輕拍在臉上，手法愈輕柔，持妝效果就愈好，我都是先從臉頰開始上，再往 T 字位置上，甚至有時候我只會壓在全臉中心區塊，這樣還能自然呈現立體感，記住千萬要「少量多次」，才能像韓劇女主角一樣，另外在挑色的時候有個小訣竅，就是**可以挑比妳自己膚色深一號，這樣更能呈現完美偽素顏的效果。**

后
拱辰享雪白凝芙蕾氣墊粉底

Sulwhasoo
雪膚花容完美絲絨氣墊粉霜

Miss Hana
光透無瑕氣墊粉餅 SPF50

礦物美妝瘋，
融會貫通不跟風

礦物彩妝篇

現代人什麼都怕、什麼都追求天然有機，不管是吃的用的穿的，只要標榜自然有機就容易受到大家的注目，而這股天然有機新風潮，早就延燒到美妝產品，像是我們經常聽到的礦物彩妝，也成為美妝界、女孩們之間的人氣寵兒。

其中市場普及率最高的就是礦物底妝，顧名思義就是將底妝產品的成份加入自然礦物的有機質，主要訴求上妝同時減低對肌膚的傷害、不會堵塞毛細孔，甚至不會讓肌膚有任何負擔，運用這些天然成份同時保養肌膚，免於其他人工成份的化學傷害，也因為內含天然的礦物粒子，放在臉上也好表現出自然的妝容，粒子折射出的光線，能夠增加肌膚的光澤度，創造出絕佳的五官輪廓，這也是它受歡迎的原因。

有些礦物底妝的成份，標榜其中的礦物質還有吸油的效果，能讓妝容更加服貼，但終究礦物底妝是屬於浮在皮膚表面的粉質，縱使含有吸油成份的礦物質，相對於一般的底妝產品，還是比較容易產生脫妝的情形，需要一直不斷地補妝，才能維持完整的妝容，但因為礦物底妝很天然，即使不斷補妝，也不會對肌膚造成傷害，這點倒是可以放心。

記得當年我在美國藥妝店發現礦物底妝面世的時候，當下是個大驚喜，因為當年剛出現礦物底妝的最大賣點就是「不用卸妝」，我想就是因為本來就容易脫妝的特性，礦物底妝才能被當成不需要卸妝的美妝產品，自然地讓底妝隨油脂分泌自然代謝，達到講求自然的最高境界，但站在清潔肌膚的立場，我還是衷心建議各位使用礦物底妝的女孩們，卸妝還是不要太偷懶，基礎清潔不能少的。

「礦物底妝」一開始風行於歐美國家，一度讓好萊塢的女明星們趨之若鶩，性感女星安潔莉納裘莉就曾經因為被媒體捕捉到如殭屍狀的白臉照，臉上呈現一塊一塊慘不忍睹的白色粉塊，當下淪為許多時尚評論家的笑柄，但其實這就是錯誤使用礦物底妝的後果，至於為什麼會發生這樣的悲劇？問題就出在錯誤的上妝方式，使用礦物底妝切勿用粉撲上妝，粉撲會讓底妝在臉上凝結成塊，而應該用刷具上妝，將底妝產品掃在肌膚表面，這麼做才能讓底妝真正均勻在臉上推開，這樣就能免於成為「石膏面具」的下場。

另外因為礦物底妝的遮瑕力偏低，所以如果臉部有小狀況需要遮蓋的女孩們，在使用礦物底妝之前，不妨先用遮瑕產品將局部的小瑕疵處理之後，再刷上礦物底妝，這樣才能打造出又透又自然的偽素顏無瑕底妝。

超推薦！
礦物底妝產品

innisfree
自然系礦物保濕粉底

KATE
進化美肌礦物粉餅

innisfree
無油無慮礦物控油蜜粉餅

KATE
進化美肌礦物飾底乳

INTEGRATE
容耀奇肌礦物保濕美粧噴霧

BOBBI BROWN
輕透亮礦物 BB 粉

KATE
完美遮瑕
礦物 BB 粉底霜

M·A·C
柔礦精華
絲柔粉底液

INTEGRATE
容耀奇肌礦物粉餅

M·A·C
柔礦迷光炫彩餅

只要做對一件事，就能讓妳眼周好「神」

Step.1

首先要分辨自己的黑眼圈是哪種類型，如果偏咖啡色是屬於代謝型，要用比膚色淺一號的顏色來做遮瑕。如果是偏綠色則是操勞型，要用偏橘色或比膚色深一號的顏色才能自然遮瑕。

Step.2

用局部刷或手指沾取遮瑕點壓在眼下，如果點錯地方，反而會讓眼睛看起來腫腫的。

Step.3

稍待片刻等遮瑕與肌膚融合，再用蜜粉餅疊壓在遮瑕處。

Step.4

最後可以搭配珠光蜜粉再次疊壓，讓眼周自然呈現透亮效果。

超推薦！
眼霜產品

CLINIQUE
even better
eyes
dark circle
corrector

AVEDA
花植亮澤眼霜

保濕專科
修護眼霜

THE BODY SHOP
活顏菁萃賦活亮眼冰珠

CLINIQUE
勻淨光感亮眼精華

SK-II
微磁亮眼修護組

BENEFIQUE
溫℃循環亮眼晶華棒

ORBIS
彈力亮眼美容液

超推薦！
眼部遮瑕產品

RMK
經典遮瑕盒

YSL
超模聚焦明采筆

CHIC CHOC
完美遮瑕筆

ESTEE LAUDER
粉持久 BB 美肌修片筆

KRYOLAN
百分百調色幻顏盤

讓妳一次就
搞懂彩妝刷具

刷具篇

刷具百百種，到底哪一種非要不可？就讓我跟妳一次說清楚講明白，以一般日常彩妝來說，我認為「腮紅刷」絕對是必備的，因為其他部位的妝，如果沒有刷具都還可以靠手完成妝容，但腮紅則比較難用手來完成，另外像是「伸縮式蜜粉刷」跟「唇刷」則是隨身補妝工具的必備好朋友，這樣才能讓妳的妝容隨時保持最佳狀態。

另外，還有哪些刷具是我建議大家也可以擁有，當妳有了這些武器，自然可以把妝化得更精緻點，而且有時候不止生活彩妝，有些場合需要把妝弄得稍微隆重點，借力使力還是挺重要的。

• 粉底刷

如果你是化妝新手，建議選擇刷頭大、毛量多的粉底刷，這種款式的刷具沾取粉底產品後，往臉上刷開的時候，比較能均勻散開，不容易有刷痕，甚至產生結塊的情形。刷頭太小的刷具，需要多次塗抹才能上完整張臉，如果你還不是很熟練，就會淪為地圖臉的窘境。至於毛量太少的刷子，也同樣會有刷痕太明顯的問題，因為毛與毛之間的空隙大，無法掃出一片完整的面積。

超推薦！
粉底刷

Dior
舞台搶眼粉底液刷
(高度遮蓋力)

SHISEIDO
時尚色繪 尚質粉底刷

M·A·C
專業粉霜刷

KRYOLAN
多功能粉底刷

CLINIQUE
時尚抗菌粉底刷

Ms.COSMED
斜頭粉底刷

• 蜜粉刷

上蜜粉我推薦使用蜜粉刷，盡量減少使用粉撲的機會，因為用刷具來上蜜粉，妝感的呈現會比較自然、輕透，甚至看起來像沒上妝一樣，用粉撲上蜜粉，則容易產生厚重感，妝容會有不自然的粉塊，表情也會顯得僵僵的。選用一支可以伸縮的蜜粉刷，隨身攜帶、補妝方便，還能夠用來定妝、掃掉多餘的蜜粉，是女孩們包包裡一定要有的刷具。

超推薦！
蜜粉刷

CHIC CHOC
蜜粉刷

CLINIQUE
抗菌蜜粉刷

RMK
蜜粉刷 EX

BOBBI BROWN
專業蜜粉刷

• 眉刷

比起直接用眉筆畫眉毛，運用眉刷沾取眉粉，可以幫助你描繪出更自然的眉型。建議選擇具有一定韌度的刷毛，讓你畫眉毛的時候，提高穩定度，對於掌握想要畫出來的眉型也比較容易上手，太軟的刷毛，容易畫出線條太鬆散或是歪七扭八的眉型。

超推薦！
眉刷

CHIC CHOC
眉刷

laura mercier
眉睫刷

laura mercier
斜角飛眉刷

Ms. COSMED
眉睫兩用刷

• 眼影刷（一大一小）

眼影刷最好具備兩支，一大一小。大的用來做大範圍的眼影
上色，或是淺色眼影的打底，因為刷頭比較大，能在眼瞼一
次畫出均勻的顏色。小的則用來做局部小範圍的上色，或是
針對需要強調的部位加深顏色，像是睫毛根部或眼頭等等部
位。運用兩支眼影刷，就可以畫出具有層次的立體眼影。

超推薦！
眼影刷

RMK
眼影刷 B

sisley
眼影刷

Ms. COSMED
眼尾斜角刷

Ms. COSMED
眼窩眼影刷

CHIC CHOC
眼影刷 (L)

CHIC CHOC
眼影刷 (M)

CHIC CHOC
煙燻刷

• 腮紅刷

腮紅刷通常是圓頭型的設計，可以讓你大面積輕易地上色，均勻暈開腮紅。至於尺寸的選擇，可以根據個人的臉型以及想要呈現的腮紅大小做為考量的依據。我認為腮紅刷是每個女孩每天必備的彩妝刷具，不妨可以投資刷毛觸感比較好的刷具，好的刷具在肌膚上產生的觸感，也是女孩們照顧自己的一種方式。

超推薦！
腮紅刷

M·A·C
專業小腮紅刷

CHIC CHOC
修容刷 N

BOBBI BROWN
腮紅刷

THE BODY SHOP
腮紅刷

• 唇刷

唇刷的刷頭有各種選擇，圓頭、平頭、錐狀的，至於該選擇哪一種，完全視你需要描繪的唇形而定，通常圓頭的唇刷是最好掌握的刷具，就算是化妝的初學者，只要用唇刷沾取唇彩，根據唇形描繪，唇妝一定不會出錯。至於平頭或是錐狀的唇刷，比較適合已經具備一點點化妝功力的女孩們，這類的刷具需要比較高的穩定度來上妝，可以畫出比較細緻，線條分明的唇妝。唇妝比較容易因為吃東西、講話而脫妝，因此，我建議女孩們也應該隨身攜帶一支唇刷，以備不時之需。

超推薦！
唇刷

M·A·C
時尚伸縮唇刷

BOBBI BROWN
攜帶式唇刷

Ms. COSMED
伸縮唇刷

• 斜角修容刷

完成整個妝容之後，最後的步驟就是修飾臉部輪廓，這個時
候，修容刷派上用場。斜角的設計主要是讓刷具貼合臉部兩
側的線條，沾取深色的粉餅來調整臉部輪廓，並且藉此營造
出臉上的明暗光影，加強五官的立體度。

超推薦！
斜角修容刷

Miss Hana
蒲公英撩雲 腮紅刷

Ms. COSMED
斜頭腮紅刷

Les Merveilleuses LADUREE
典藏蜜粉刷

明川老師的
真心話

刷具清潔超簡單，一壓二抹三沖洗

很多人在刷具保養這件事情上糾結卡關，其實真的沒有大家
想像中的可怕，只要掌握幾個要點就可以了。

1. 養成使用好習慣

千萬不要過分用力揉壓刷毛，不管是天然毛或是尼龍毛都禁
不起猛烈的使用，況且如果太用力刷在臉上，還會造成肌膚
表面的傷害。

2. 保持刷具的乾爽潔淨

每次使用過後，只要順手用面紙輕輕按壓刷頭，然後順勢由
內往外擦拭即可，基礎的清潔對於刷具保養有很大的幫助，
因為保持刷毛的韌性是延長刷具壽命的不二法門。

先按壓，再由內往外擦拭。

3. 清洗刷具要講究

對刷具的照料最需要講究的是清潔過後，後續風乾的步驟，而不是執著在到底需不需要用到專門清潔液，如果有預算使用專門清潔產品當然很好，但其實只要用自家使用的沐浴乳或洗髮乳就可以把刷毛洗得乾乾淨淨，甚至想讓刷具潤絲護髮都可以，因為刷具的毛等同於頭髮的毛，清潔理論是可以共用的。然而刷具保養在後續處理才是最關鍵，首先清潔完之後要先用乾布或廚房紙巾按乾水分，接著放在陰涼處風乾（我自己會放在有抽風循環設備的浴室），最後等到都乾了之後，再把刷具順著手掌心繞圈順理，這樣就完成清潔與保養。

順著掌心順理刷毛。

自信優雅
妝容

5 分鐘出門，上班約會都 OK

自信優雅快速三步驟

「自信優雅」是女人最美的武器，洗鍊自在更能展現出個人魅力，「大地色＋粉紅色」是永遠不敗的組合，帶有珠光效果更能增添妝容層次，如何利用三步驟打造出可以睡到最後一刻，卻能完美出門的自然彩妝，重點就在「氣色感」的提升。

How to make up ?

眼影：

用手指沾取眼影霜，因為霜狀質地會感覺比較自然且濃淡比較好掌握，先從眼頭按壓上色，再往眼頭眼尾推勻即可，建議使用帶有珠光色澤的咖啡色眼影，不但讓眼睛有深邃度，同時也可以有明亮度。

腮紅：

選擇最百搭的粉紅色腮紅，畫在微笑蘋果肌位置，讓整體氣色提升，粉紅色調又最能修飾東方人膚色。

口紅：

強調使用口紅，而不是唇蜜，因為口紅有一定的顯色效果，且如果是職場妝容更需要講究完妝度，現在很多品牌的口紅也有類唇蜜效果的系列，如果是一般日常彩妝也很適合。

Les Merveilleuses LADUREE
糖霜潤色毛孔遮瑕乳

benefit
噴噴稱齊
毛孔隱形露

KRYOLAN
光燦粉妝慕絲

laura mercier
喚顏凝露

media
零瑕美肌粧前乳

Les Merveilleuses LADUREE
糖霜補妝粉底

KRYOLAN
百分百隨身幻顏棒

都會時尚
妝容

眼妝化得好，輪廓自然立體

都會時尚加分 五步驟

現代人生活節奏比較快，加上彩妝品都愈來愈聰明，很多可以一物多用的彩妝都讓大家上妝更加容易，而完美彩妝來自於乾淨的底妝，所以讓膚色均勻是加分彩妝的關鍵要素，所以要掌握「都會時尚」的風格，就先從還原自己該有的「好臉色」開始，東方人膚色偏黃，加上一些蜜桃色或紫色打底都有很好的效果，如果想偷懶也可以利用 BB 霜或 CC 霜創造出偽素顏的效果。

How to make up ?

Step 1

Step 2

底妝：

裸妝是永遠不敗的底妝風格，加上一些潤色來修飾東方人略帶黃感的肌膚，不過要特別提醒大家，潤色是把膚色不均的部位局部修飾，像是兩頰斑點或是嘴角痘疤等，而不全然是整張臉都打上潤色底霜，不然就只是換一張稍微白一點的膚色不均而已。

眼線：

職場妝容要特別強化眼神，而真正有神的眼妝關鍵就在眼線，所以利用眼線膠筆可以打造出線條柔和但又持久的眼線，可以在眼尾稍微拉長一點來增加女性魅力，如果怕眼神太銳利，可以改用咖啡色眼線。

眼影：

也因為已經強調線條感，所以眼影略微帶過，但因為東方人大多為內雙或單眼皮，所以建議還是可以搭配一些帶光澤的眼影凸顯眼妝，綠色跟紫色調可以讓眼妝活潑一些，灰色跟藍色會讓眼妝多點時尚感。

睫毛：

因為東方人眼型關係，所以刷睫毛要追求濃密纖長而不是捲翹，刷頭的選擇上也建議先用大刷頭把睫毛拉長，再配搭小刷頭做局部加強。

唇妝：

有了基礎的彩妝之後，搭配蜜桃或是玫瑰色調的唇蜜來表現唇部的滋潤度就可以漂亮出門了。

超推薦！
睫毛膏產品

CLINIQUE
娃娃眼精準
下睫毛膏

CLINIQUE
娃娃輕盈濃長睫毛膏

CANMAKE
洋娃娃定型睫毛膏

LANCOME
黑天鵝羽扇睫毛膏(防暈版)

THREE
魅光睫毛膏

Part . 2
秒速上手的美妝
step by step

甜美性感
妝容

創造少女膚質，變身萬人迷

甜美性感完美七步驟

現在女生都追求能夠同時把「甜美」跟「性感」集於一身，所以在妝面上都追求要有重點，有的人會把眼妝畫得很嫵媚，有的人會把腮紅畫得很顯色，然後有些人則是把妝容強調在嘴巴上，但事實上如果掌握好線條跟色彩的比例，甜美性感絕對可以融為一體，重點就是要努力創造出如少女般的膚質，妝感可以用眼線或睫毛來表現大女人的自信風采，記得巧妙運用粉紅色也準沒錯。

底妝：

做好妝前保養之後，選擇略帶紅感的底妝，可以打造出好氣色之外，更能有很好的修飾效果，如果兩頰有斑點的話，可以局部再上一次粉底。

眉妝：

最近流行比較粗的眉毛，也流行比較平的眉形，所以搭配眉色千萬不能太淺，反而可以刻意用灰黑色系來表現出韓系甜美但比較性格的眉毛。

Step 3

眼線：

如果眉毛畫得比較粗，這樣在眼線
位置就可以稍微淡一點，所以改用
咖啡色眼線就變成這款妝容的重
點，可以在眼中位置加強寬度，就
不用擔心眼神不夠深邃，再加一點
眼影粉疊在眼線上，可以有種迷濛
的小性感。

Step 4

眼影：

帶珠光的眼影是很多人上眼妝的障
礙，一方面害怕上得太多會泡腫，
上得太少又會沒有效果，最簡單的
方式就是先按壓眼影在眼中，然後
再往眼頭跟眼尾輕拍，因為眼睛是
圓弧形，所以眼中就是最好的受光
面，把光澤放在這裡就不會有下手
太重的問題，如果搭配深色眼影還
能自然做出層次效果。

睫毛：

刷睫毛除了怕暈染之外，更怕睫毛
形狀一下就崩塌，建議大家可以在
刷睫毛之前拿吹風機將睫毛夾加
溫，這樣夾出來的睫毛可以撐得比
較翹，自然就不會那麼容易崩塌
了。

腮紅：

現在流行的腮紅是比較自然，就像
是自己肌膚透出來的紅潤度，所以
可以在腮紅質地上做改變，選擇霜
狀或是棒狀腮紅可以打造出更自
然，更有光澤度的腮紅。

唇妝：

除了唇蜜之外，現在女孩們流行有
著口紅效果的唇釉，通常唇釉的顯
色度比較高，所以更會突顯出唇部
的問題，所以妝前的滋潤一定要認
真做，甚至可以先上一層唇釉，然
後壓一點蜜粉，之後再上一層，這
樣可以讓唇色更加粉嫩持久。

Les Merveilleuses LADUREE
糖霜潤色護唇膏

L'OCCITANE
乳油木保濕護唇膏

Za
肌 Q 水潤 護唇精華液

ettusais
護唇精華棒 N

THE BODY SHOP
草莓潤唇蜜

THERAPIND
魔唇修護唇 (夜間)

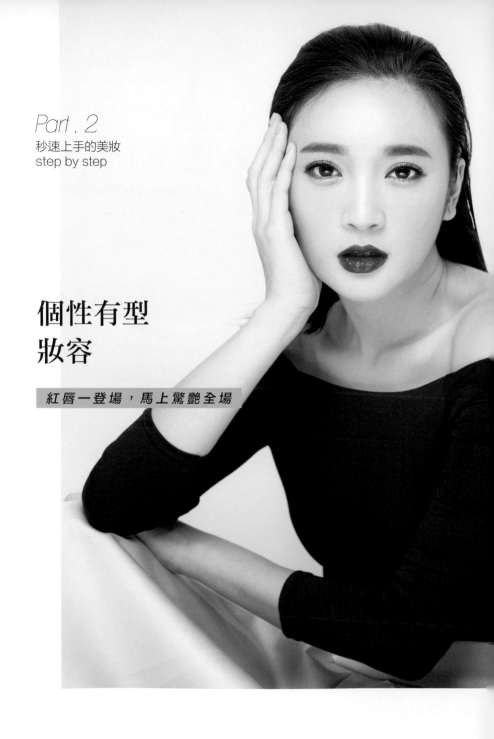

Part.2
秒速上手的美妝
step by step

個性有型
妝容

紅唇一登場，馬上驚艷全場

個性有型必勝九步驟

我常會問大家一個問題，想被稱讚皮膚好還是妝化得好，「保養」是長期抗戰，本來就不應該跟「化妝」相提並論，但如果學會用化妝化出好膚質，把彩妝的線條表現地不著痕跡，整體好感度確實也都會提升，潤色是進階版彩妝必學的秘技，立體輪廓的掌握也是「個性有型」彩妝風格的重點。

How to make up ?

潤色：

現在市面上有百百種的潤色產品，有些還標榜含有保養功效，但為了避免讓後續底妝變得厚重，我還是建議大家在潤色隔離的步驟，秉持適可而止的原則就好，不然如果因為妳前面上太多而導致底妝快速脫落，豈不是很冤枉。

底妝：

有些場合需要比較正式的彩妝風格，在底妝部分可以選擇粉底霜來打底，提升肌膚的油水平衡，接著再用蜜粉定妝，呈現霧面質感的底妝效果。

Step 3

眉妝：

既然要表現出比較個性的妝面，眉毛可以用亞麻色系眉粉來表現，透過眉粉色澤的層次會讓整體眼妝的協調性更好。

Step 4

眼線：

這款妝容的眼神很重要，既要有眼線輪廓，但又要平衡整體妝容，所以眼線液是最好的選擇，前細後粗的眼線可以放大眼睛，還能增添性感風情。

Step 5

眼影：

般畫眼影大多強調上眼影的顏色或層次感，但現在所流行的妝容反而要更強化在下眼影的處理，下眼尾的眼影可以用大地色來增加眼睛的立體度，也可以用粉紅色來表現無辜眼妝，甚至可以用灰色系來強化時尚感。

Step 6

睫毛：
要如何刷出又長又翹又濃密的睫毛，技巧就在先拉長，再濃密，最後才是纖長，不規則或是 S 型的刷頭更能抓住每一根東方人偏硬的睫毛，打造出如女王般的電眼。

Step 7

腮紅：
這樣的妝感重點都在眼妝，所以腮紅部分就要放淡一點，可以選擇帶光感的腮紅，主要增加兩頰的光澤透亮，而不是上色。

Step 8

唇妝：
這幾年的復古風吹回口紅，不管是正紅色、桃紅色，甚至葡萄紅都很受歡迎，上妝的時候建議先從唇中央開始上色，然後再慢慢往外上色，也可以用手指來上色，因為肌膚溫度可以幫助顯色度，也可以避免唇色太紅。

Step 9

修容：

首先必須先跟大家說明一下，那就是修容跟腮紅真的完全不一樣，腮紅跟氣色有關，修容是跟輪廓有關，所以修容的重點是要讓臉型更加立體，可以選擇比膚色深一至兩色階的粉餅或是棕色蜜粉等都可以自然創造出小 V 臉。

超推薦！修容產品

DHC
頂級 GE Double
拉提再生霜

ETUDE HOUSE
逆齡奇肌～V 臉緊緻活膚精華

benefit
哇！亮顏棒

CLINIQUE
倩碧俏比
立體輪廓修容棒

CLINIQUE
倩碧俏比
立體輪廓亮采棒

PAUL & JOE
巴黎訂製修容餅

ESTEE LAUDER
鑽石立體超緊緻乳霜

CANMAKE
高挑鼻影組

Chapter.5

美妝保養品牌
好好買 A to Z

• • •

史上最強美妝產品寶典，明川老師絕對良心推薦，一一介
紹妳一定要買、CP 值飆高的各式美妝保養聖品，讓妳錢
花在刀口上，每一樣產品都超實用。

A

ANNA SUI 魔顏精靈薔薇頰彩
6g/NT$1400

我對她們家的腮紅一直情有獨鍾，之前出的單色腮紅就已經美得不得了，後來出的腮紅彩盤更是深得我心，除了可以一次到位把深淺色系都掌握，上色後清透的色調更是讓整體妝容加分許多。

AVEDA 蘊活菁華
滋養液
150ml/NT$2280

現代人的頭皮容易有毛囊發炎、敏感問題，然後就會有落髮現象產生，所謂預防勝於治療，日常搭配指腹按摩頭皮，促進頭皮血液循環，不但可以防止落髮提早報到，還可以讓頭髮跟頭皮都更健康。

Aesop 甘菊去瑕敷面膜
60ml/NT$1500

不管是青春期的痘痘，還是壓力所產生的成人痘，或是不定時跑出來嚇唬人的生理痘，這是一款必要時刻可以拿出來急救使用的戰痘面膜，甘菊消炎鎮定的功效不用多說，使用過程的溫和膚感才是真正勝出的關鍵。

B

Bio-essence
神奇生物噴霧
100/300ml/NT$300/680

不管是在辦公室補水、補妝前保濕，甚至夏天幫肌膚降溫都可以使用，豐富微量礦物元素提升肌膚防禦力，強調低含量的鹽分不會吸收多餘肌膚水分，反而有更好的補水效果，有時候想讓肌膚休息一下，就可以只噴這個，不用再擦其他保養品。

BOBBI BROWN 快捷輕潤粉妝條
9g/NT$1500

現在市面上已經很少見到條狀的粉底，但這支真的是粉條中的勞斯萊斯，粉底延展之後的肌膚滋潤度提升，遮蓋力很好，但也不會有厚重感，雖然沒有特別強調防水，但平常藝人一整天外景下來，持妝效果還是很好，雖然以黃色為粉底基調，但反而讓東方人膚色完美呈現。

benefit 裝完美活氧防曬粉底液
SPF25 PA+++ 300ml/NT$1490

這款粉底最厲害的地方就是當妳上完妝之後，妳就會捨不得卸妝，不管是遮蓋力或是服貼度都非常好，隨便用指腹抹一下就能夠均勻推開，也不會有粉痕，更重要的是持久度也非常好，這樣就可以避免一直補妝，最後補成濃妝鬼。

C

CLINIQUE 魔法纖長睫毛膏
6g/NT$850

專為亞洲女性設計的睫毛膏，刷頭的設計讓再短的睫毛都可以被拉長，而且隨便一刷就很濃密，持妝效果也很好，而且非常好卸，所以每次碰到很單的眼皮或是很硬的睫毛，我都是派它出場救援。

CLARINS 黃金雙激萃
30ml/NT$2600

集合了 20 種植物萃取成分讓妳告別初老，而且特殊的水油比例真的讓肌膚保濕度明顯提升，滋潤修護效果也讓人滿意，特別建議在春秋換季時候使用會更有感覺。

CHIC CHOC 煙燻刷
NT$480

如果要比 CP 值，這系列的刷具真的物超所值，首先在品項上完全符合一般消費者的需求，其次在刷毛品質上也相當高規，我自己最愛那隻圓頭眼影刷，不止可以均勻上色，畫小煙燻妝的時候更是只要三兩下就能疊出漂亮的層次效果，橫向往後刷幾下就可以完成最流行的韓系眼妝，注重眼妝的女孩們都應該要來一支。

Clarisonic 音波美足儀
NT$6600

音波洗臉儀早就成為愛美人士的最愛，加碼推出的美足儀更是強化了音波震動清潔的範疇，完全體現居家 SPA 的樂趣，一把機器可以做到包括讓雙腳淨膚、煥膚以及修護，這就是要把足部當臉部一樣認真保養的概念，每次弄完，腳底軟綿綿的感覺真好。

CANMAKE 小顏粉餅　　4.4g/NT$380

光看包裝會被顏色嚇到，因為看起來真的超深色，但真正擦在臉上，不但可以自然修飾臉形，粉質也比一般修容粉細緻，如果有追求上鏡效果的人可以混搭兩個色號，這可是我工作上的好幫手。

Chantecaille 防曬修護隔離乳
SPF50 PA+++　　40ml/NT$3500

雖然以隔離霜來說是屬於比較高單價的產品，但防曬防護的效果真的很好，而且她的質地推開是乳液，但到臉上的膚觸卻感覺像有一層防護膜把肌膚整個都包住，但也不會讓臉有悶悶的感覺，很推薦用來醫美術後的防護。

CHANEL COCO 唇膏
3.5g/NT$1150

女人都要有一支香奈兒口紅，除了因為從化妝包拿出香奈兒補妝是多美的畫面之外，這款唇膏還添加天然植蠟複合精華，乳霜質地碰到溫度會馬上化開在雙唇，持效潤澤滋潤，讓上口紅也成為唇部保養的一部分。

D

DR.WU 玻尿酸保濕精華乳
50ml/NT$850

如果妳跟我一樣是偏油性，又或者是敏感性肌膚的話，這款以明星保濕配方多分子玻尿酸 Hyalucomplex 為基礎，加上「超智能活水科技」的玻尿酸保濕精華乳，不僅能做到鎖水、補水的功效，更能開啟自水循環機制，也就是我常強調的油水平衡，讓肌膚增加保濕並維持滋潤度。

DERM iNSTITUTE 抗氧保濕 SOS!
抗氧水凍膜　3mlx20/NT$3300

單次包裝的設計在使用上方便許多，像我因為工作常常要飛來飛去，一次帶個幾包、保濕效果一敷就知道，不但可以當晚安面膜，也可以當作上妝前的急救保養，換季的時候更是肌膚防禦力提升的好幫手。

DHC 極致美妍眉筆　0.2g/NT$250

我個人超推這款眉筆，尤其是初學者或是不擅長畫眉的人，雙頭設計的眉筆、斜角設計可以一筆一筆勾勒出逼真的眉形，筆觸滑順好上色，持久度也比很多專櫃品牌還要厲害。

Dr.Jart 彈力粉凝 BB 霜
SPF30 PA++ 12g/NT$1150

結合 BB 霜的輕透潤色，再加上氣墊粉餅的獨特設計，這款粉底很快就成為我化妝箱的心頭好，裡面網狀設計可以讓妳均勻掌握粉凝霜的量，不會像其他 BB 霜那樣，一個不小心就變成面具臉，這款只要輕拍上妝就可以達到真正假素顏的效果。

Dior 癮誘水感唇膏 5.5ml/NT$1150

她們一系列的唇部產品都很棒，從傳統的唇膏、到女孩必備的唇蜜、撫紋效果很好的豐唇蜜，再到這款結合唇膏跟唇蜜組合的新款產品，質地很輕、顏色很透、刷頭設計讓你更方便上妝，擦上去之後會有回春的視覺效果。

Dr. Sebagh 微整型高效除紋精華
20ml/NT$4900

結合抗老兩大基本成分，包括玻尿酸以及膠原蛋白，精準對抗鬆弛下垂的肌膚問題，除了平常夜間單擦之外，我會在白天直接混合保濕面霜使用，讓保養少一道手續，但卻多一份功效。

Dermalogica 精微亮顏素
75g/NT$2400

我們都聽說過日本人用米糠揉搓面部，所以他們的肌膚都很平滑光潔，這款去角質商品就是利用這個概念，以米糠與米的萃取來磨除表皮的老廢細胞，舒緩肌膚發炎，裡面還有美白成分熊果素，是一款多功能的去角質產品。

E

ERNO LASZLO 極效保濕精萃露
200ml/NT$1800

屬於不用化妝棉就可以直接放手上的濃稠款化妝水,如果用量多一點還可以直接取代精華液,如果搭配紙膜就變身成為保濕面膜,是一款除了居家使用之外,更推薦出門旅行用,因為一瓶就可以搞定基礎保養需求,連手腳都可以拿來用。

ESTEE LAUDER 超能紅石榴微循環雙效面膜　80ml/NT$2650

暗沉的膚色總讓人苦惱,感覺像操勞過度的黃臉婆,最積極的做法就是用上這款二合一的面膜,先深層清潔,再高度保濕補水,當然也可以 T 字用泥膜,其他地方用凍膜,是一款符合都會生活節奏的面膜。

ettusais 護唇精華棒　3g/NT$420

雖然該品牌最出名的產品是針對痘痘的系列,但是我個人更推她們的護唇系列,因為如果一個保養品牌可以把護唇商品做得好,就表示她們的保養系列夠仔細,雖然這只是一支小小的護唇膏,但卻能讓我們每天張嘴的時候可以美美的,這可是以小搏大的最高境界。

F

FORTE 台塑生醫抗引力緊實霜
50ml/NT$2800

擁有自己醫學研發團隊當背景，再加上在成分有諸多突破的台灣在地好品牌，我特別喜歡他們的霜類產品，質地雖然濃稠，但卻都很好吸收，我會把這款霜當成按摩霜，搭配一些簡單的拉提手法，甚至一些輕拍動作，肌膚的緊實度跟緊緻度都會有明顯改善。

FACEQ 絕世愛美肌 牛奶滋潤手足膜
NT$69/ 包

都說了人要美，局部可千萬別馬虎，居家最簡易的手足保養就是敷上手足膜，裡面富含牛奶精華可以解決表層乾裂粗糙問題，使用過後的絲滑觸感真叫人難忘，模型設計讓你可以同時保養還可以做事情，對現代女性來說絕對是福音。

Freshel 雙效皂霜 130g/NT$220

添加摩洛哥礦物泥的保養級清潔產品，對於油性肌或是深受毛孔問題困擾的人根本是救星，清潔效果超有感，而且最特別的是還可以當成局部膜使用，放在自己在意部位約 30 秒，然後用溫水搓揉起泡沖淨，可以提升吸附髒污效果。

G

Giorgio Armani 黑曜岩活膚能量活化眼霜 15g/NT$5600

市場上少見妝前妝後都可以使用的眼部保養品，妝前可以改善眼周乾燥浮腫問題，妝後可以消除整天帶著眼妝所產生的疲憊乾紋，我通常會把它放在化妝包裡當成救急使用。尤其是出國時候必須要面對不同氣候變化，溫和有效且多效使用的眼部保養就特別重要。

heme 雪感肌去角質美白面膜 42ml/NT$269

雖然一白遮三醜是老掉牙的說法，但擁有透亮雪白肌確實是很多女孩的夢想，這款多功能面膜讓大家可以事半功倍，既可以加水乳化當作去角質面膜，也可以厚敷當作美白面膜，加效基礎保養就靠它了。

H

IPSA 肌能補充膠囊　30ml/NT$1600

假性老化是現代人通病，肌膚表面乾燥缺水，妝容不服貼所造成的暗沉問題，甚至是毛孔問題產生的膚色不均，從源頭提升肌膚該有的抵抗能力，自然就降低可能發生的肌膚問題。

INTEGRATE 星光耀眼兩用眼影筆
NT$210

我稱它為懶人專用不敗眼妝筆，因為她同時可以當眼線，也可以推開當眼影來用，裡面細緻的珠光可以立即提亮眼周，我會拿來當做眼影打底，再搭配粉狀眼影就可以輕鬆打造出立體層次分明的眼妝，尤其那支夜空藍的顏色，真的美死了。

innisfree 鮮榨綠茶籽保濕精華
80ml/NT$880

富含兒茶素的綠茶精粹可以讓保養效果更深層，尤其對於都會型膚質、容易油水失衡或是局部特別乾燥的都很適合，因為這款精華的質地很輕，不會黏黏的，也非常適合跟男友或老公一起用。

Jurlique 玫瑰活膚露　100ml/NT$1450

真心一句話就是好保濕，以前用過各種噴霧，有些需要一直補噴，有些根本讓你肌膚更乾，這款玫瑰露分子很小，噴到臉上不需要特別拍打就可以感受到水分注入肌膚裡頭，味道清香，有鎮定心情的功效，有時候夏天想讓肌膚偷懶一下，洗完臉只噴了玫瑰露就什麼都不擦。

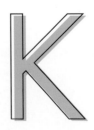

**KLORANE 護色亮澤洗髮精
200ml/NT$480**

現代人幾乎都曾經甚至經常性的染髮，很多人染後常常抱怨髮色無法持久，所以家裡備好染後專用洗髮精是必要的，這款洗髮精富含紅石榴萃取，可以加倍維持髮色，讓妳不再很快就變成布丁頭女孩。

Kanebo LUNASOL 晶巧光燦眼盒
4g/NT$1800

這系列除了號稱是日本國寶級的眼影，也是所有化妝老師的最愛，顯色度恰到好處，相互疊色也不會讓妝變髒，同樣是加珠光的眼影盤，有些品牌的眼影上色後會讓眼周看起來乾巴巴，這款畫上後反而有一種膚質變好的錯覺，而且每年推出的限定色，不用搶的根本就買不到。

KissMe 全天候陽光防禦乳
（亮透升級版） 50g/NT$650

一般高係數防曬很難做到真正不黏膩，這款絲滑粉霧的質地讓夏日防曬不再是酷刑，不但好推好吸收又好保濕，連敏感肌都可以用，推開之後不會一秒變成白臉人，也不會影響到後續的底妝效果。

Kiehl's 經典潤膚乳
250ml/NT$1100

很多人容易忽略了身體肌膚的質感，而這瓶不分膚質，不分年齡性別皆可用的乳液，可以解決夏季因為冷氣房的表皮乾燥，換季缺水肌膚所需的滋潤，冬季寒風所引起的乾癢脫皮，不黏膩好吸收，用過就不會再換的經典商品。

KATE 3D 棕影立體眼影盒
2.2g/NT$420

如果說 KATE 是眼影專家一點都不為過，而且這個系列更是王者之王，各種大地色系可以滿足不同膚色的女孩，所謂雕塑眼型的概念，就是把眼妝位置延伸到鼻影，讓大家不但眼妝立體、五官也跟著立體。

Kryolan 歌劇魅影 HD 賴床粉底
30ml/NT$1800

不用先擦隔離的粉底，不用上妝技巧的粉底，可以不用再壓粉的粉底，不管乾性油性混合性都可以用的粉底，最討喜的是可以讓妳早上再多睡一下的聰明粉底，讓妳絕對不會再找藉口不上妝，徹底擺脫懶女人的封號。

L'OREAL Paris 輕透光感 BB 霜
30g/NT$385

這款 BB 霜是妳用過就甩不掉的懶人反光板，保濕控油效果出奇好，不會有厚重粉感，還會自動校正膚色，不會像一般 BB 霜過度死白不自然，肌膚的透度就像你用過修圖軟體的美肌效果。

Lime 淨化精靈　　700ml/NT$380

這本來是用來對付家裡垃圾或冰箱所產生的異味，或是貓貓狗狗的排泄臭味，以及像我很怕的菸味香水味所研發的產品。我則把它當成去除怪味的法寶，它不是用香氛去蓋掉異味，而是利用交換離子的方式來去除那些妳不喜歡的味道。平常我還會噴在牛仔褲上面，因為大家都知道牛仔褲不能常常洗，才能保持色度跟挺度，所以我也會拿它來處理衣服上的各種味道。

LANCOME 超微整修片精華
50ml/NT$4000

微整早不是新鮮事，自拍修圖美肌也變成大家的習慣動作，但如果近距離接觸也能完美無瑕才是最理想的，這款精華可以有效改善毛孔問題，讓肌膚透出自然光澤，幫助妝容更加服貼，還能延續醫美效果。

La Mer 緊緻塑顏精萃
30ml/NT$11200

雖然品牌感覺有點高不可攀，雖然價格也確實高了些，但這真的是我用過後大吃一驚的拉提產品，不需要什麼特殊按摩技巧，只要用掌心按壓，真的就會讓妳的臉型輪廓愈來愈明顯，就連毛孔都緊緻不少。

Li-Zey 萊思鑽石亮白美齒儀　NT$2980

我個人非常重視牙齒，各種美白牙齒的方法更是我最感興趣的話題，日本最流行的快速亮白祕技就是用這款美齒儀，美白刷頭可以貼合牙齒，齒間刷頭更能讓美白牙齒完全沒有死角，對於因為咖啡、茶、煙酒等造成的外部黃牙可以馬上讓牙齒白好幾階，最重要的是一點都不會對牙齒造成負擔，也不會讓牙齒酸酸的。

L'OCCITANE 乳油木泡泡浴
500ml/NT$1280

我一直提倡泡澡美容，透過泡澡可以讓身體溫度提升，自然做到最簡單的溫感美容，再加上泡澡促進肌膚新陳代謝，能把體內毒素循序漸進地排出體外，而乳油木果油能增加保濕度，有效舒緩肌膚，只要家裡有浴缸就該來一瓶。

MAYBELLINE 超激細抗暈眼線液
0.5g/NT$350

眼線液好壞的關鍵就在刷毛，粗細要適中，軟硬要剛好，色澤要濃黑，延展性更是成功畫出漂亮眼線的絕對要素，這支網路口碑超高的眼線液，不但抗油防水還很好卸，更是彩妝老師們的最愛。

Melaleuca 晶鑽魚子賦活露
140ml/NT$4660

以葡萄純露當基底，再加上魚子精華、抗老胜肽，還有珍珠萃取等高規的保養成分，針對熟齡肌設計的專用化妝水，從基底打造防護的效能，搭配化妝棉濕敷可以改善換季乾荒現象，消炎效果也很好。

Melvita BIO 歐盟堅果玫瑰美膚修護油
10ml/NT$880

摩洛哥堅果油可以預防缺水並強化肌膚的屏障能力，玫瑰果油能淡化細紋，特別的滾珠設計讓保養可以更方便，像我就會把它放在旅行化妝包裡，有時候碰到氣候變化所造成的乾紋就可以立馬解決。

NARS 炫色腮紅　4.8g/NT$1000

之前風靡全球時尚圈的高潮腮紅讓大家發
現原來性感也可以從頰彩來表現，顯色高、
持色強是她們腮紅的特色，使用上幾乎不
需要技巧，更是成功贏得女孩的芳心。

ORBIS 活氧亮顏泡泡面膜
100g/NT$820

肌膚是否可以吸收保養品決定在角質，綿
密泡沫可以達到溫熱去角質，更能提高肌
膚新陳代謝，讓妳的肌膚可以完全吸收後
續保養，當妳覺得臉色暗沉就可以來一下，
洗掉之後肌膚就會亮得不得了。

ORIGINS 泥娃娃活性碳面膜
100ml/NT$980

深層清潔的好選擇，活性碳會吸附多餘油脂，讓肌膚保持油水平衡，夏天的時候可以每週敷 2~3 次、冬天只需要一週 1 次就可以，如果是有毛孔問題的人，建議不要敷到很乾，反而八分乾之後就洗掉最能保持滋潤效果。

P

Philips 微晶煥膚美膚儀　NT$15900

居家醫美的家電時代正式來臨了，這支號稱可以變小臉的美容神器，利用氣壓引流方式消除浮腫的臉型，鑽石微雕探頭可以破壞表皮達到醫美療程微創效果，等於幫妳加速肌膚新陳代謝，這樣才能讓後續保養品的吸收更好，雖然單價高了點，但換算下來的投報還是蠻划算的，追求完美的妳不容錯過。

PAUL&JOE 巴黎訂製防水眼線膠筆
7g/NT$800

眼線筆真的讓大家又愛又怕，又希望可以隨便一畫就眼睛變大，但好怕容易暈染變成熊貓眼，市面上從眼線筆、眼線膠、眼線液等琳琅滿目，這支結合像凝膠般的順滑，又有眼線液的顯色，更厲害是可以呈現像眼線筆畫出來的自然效果，獨特膜狀配方對付暈染也很有一套。

Philosophy 純淨清爽三合一洗面乳
240ml/NT$800

這是一款可以快速達到卸妝洗臉雙效合一
的單品，有股淡淡的清香、舒服不刺鼻，
我是把它歸類在日常生活使用，像是隔離
霜、BB霜、簡單底妝絕對都沒問題，但
如果妝感稍微濃的，洗淨恐怕就不太夠力，
重點是洗完的肌膚完全不會有緊繃感，非
常適合油性肌膚的人。

RMK 玫瑰潔膚凝霜　100g/NT$1000

全新劑型的清潔商品，透過按摩讓膏狀轉
化成油質，溫和卸除厚重彩妝，玫瑰香氛
味道讓你自動放慢保養速度，減少卸妝過
程中過度的拉扯，用完也不會乾澀緊繃，
是款推薦給混合性或敏感肌的卸妝聖品。

Revive 光采再生活膚霜
50ml/NT$7300

現在保養都講求輕奢華，顧名思義就是質地
要輕，但成分卻要奢華，這款活膚霜是我近
期用過膚觸最輕盈，用完不會黏膩，而且很
好吸收，真的一覺醒來就能感受到膚質明顯
地改變，尤其是毛孔緊緻度有很大的差別，
我自己會先全臉推抹之後，再用掌心溫熱包
住全臉，讓活膚霜的吸收力更提升。

S

**Sulwhasoo 滋如臻人蔘能量緊緻精萃
35ml/NT$4580**

韓方護理保養概念都特別著重在調整膚質，就連抗老也是從調理肌底膚質為主，人蔘氧氣補氣的功效自然不在話下，再加上微囊封裝更讓分子載體變到最小，啟動量化抗老保養機制，用完確實肌膚會亮到不行，而且細紋明顯減少。

**SHISEIDO MAQuillAGE
心機真型捲心頰紅　2g/NT$1200**

特殊旋轉刷頭設計解決大多數人手殘的困擾，隨妳想要的妝容效果再決定轉出多少腮紅色彩，好的刷毛自然可以創造猶如專業彩妝師的技法，裡面淡淡的珠光可以上色同時又提亮膚色，隨便就能呈現出貴婦好命肌。

**SHISEIDO 碧麗妃溫循環溫感卸妝凝膠
150g/NT$1350**

溫度保養是日本最新的美容話題，透過溫度的變化，讓肌膚有更好的循環，卸妝的過程中因為有了溫度就會減少對肌膚的磨擦，也避免老化提早報到，凝膠質地除了基礎清潔之外，更多了軟化角質的功效，卸妝效果自然就會事半功倍。

SABON 經典 PLV 身體乳液
200ml/NT$1180

身體肌膚通常感受乾燥缺水的能力都比較遲緩，所以往往當妳覺得需要幫身體擦乳液的時候，肌膚早就已經乾荒不已，甚至已經起皮脫屑了，來自以色列快樂泉源的滋養，很好吸收，擦上過後香味持久，讓你不但身體肌膚保養好，還像是擦了香水一樣。

shu uemura UV 泡沫 CC 慕斯
SPF35 PA+++　　50g/NT$1400

經典中的經典，泡沫質地不會讓毛孔有堵塞的疑慮，輕薄好推讓肌膚能夠自由呼吸，色澤自然，擦上去不會有厚粉感，防曬係數適合都會生活的女孩們，男生用也很好。

skincode ACR 活顏美肌精華膠囊
12/45 顆 /NT$1380/4580

有別於過去膠囊的油膩感，這款抗老產品訴求讓肌膚有粉霧效果，平常只要一顆就可以擦滿全臉，或是局部特別乾燥區塊使用，之後再全臉擦上乳液或乳霜，化妝前使用比那些安瓶都好用。

SK-II 肌源新生活膚霜　　80g/NT$4800

改變乳霜給人既定的老印象，輕乳霜質地連油性膚質都可以有輕透呼吸的感覺，特別適合換季時，肌膚忽而缺水忽而缺油，肌膚可以得到保濕滋潤的效果，更重要是不會讓妳的肌膚黏答答地難受。

sisley 修護面霜　50ml/NT$5400

這瓶堪稱是美容界的居家常備良藥，尤其
針對易敏膚質來說，不管是曬後修護，敏
感脫皮，發炎鎮定，換季保養都派得上用
場，只要在所有保養程序完成之後再輕拍
上去，這就像是幫妳的敏弱肌膚築上一道
安全的防護牆。

Za 新魔睫 - 絕對濃密睫毛膏
9g/NT$320

睫毛膏的好壞取決在刷頭，大有大的好、小
有小的巧，這款強調濃密大刷頭真的是一刷
就密，彎曲刷頭的設計特別適合東方人往下
長的睫毛形狀，刷完之後睫毛自然變長、變
翹，而且會像化了隱形眼線一樣，是一支可
以讓妳暫時擺脫假睫毛的電眼神器。

首先要謝謝大家的支持與喜愛～

從籌備到完成，花了近半年的時間，我希望帶給大家更不一樣的美妝造型書，就像我平時在節目中說的：「時尚不應該離我們很遙遠，時尚應該跟我們生活息息相關」。從我教給大家的觀念與方法，希望每個人都可以成為自己的時尚達人，讓我們一起美化自己，更感染給身邊的人。

看完書的妳 一定也有很多感想要跟我分享，趕快按讚加入我的 FB 粉絲團或微博，讓妳我有更多的互動與交流。

FB 粉絲團：李明川 Lee Ming Chuan
微博：李明川 Chuan

另外，也要謝謝幫助完成這本書的每一個夥伴。
產值娛樂：廖明倫、李瓊美、金佑璐
化妝：李凱潔、楊令述
髮型：Kai 黃琮凱（ARDOR hair salon）
模特兒：陳筱蕾、Ann 安宥亭（傳奇星）
　　　　陳沁瑜、胡欣雅（伊林）

最後感謝大力支持內容的品牌廠商們以及最辛苦的出版社編輯們。

玩藝 0011

一秒變美人

手殘也 ok 的美妝技巧、零失誤穿搭術、精準保養法，明川老師的心機懶人包大公開。

作者 —— 李明川
攝影 —— 趙志程 零伍一柒攝影工作室 / 博思數位影像有限公司
封面設計 ——
內頁設計 —— 季曉彤
責任編輯 —— 簡子傑
責任企劃 —— 洪詩茵
董事長 ——
總經理 —— 趙政岷
總編輯 —— 周湘琦
出版者 —— 時報文化出版企業股份有限公司
　　　　　10803 台北市和平西路三段二四〇號七樓
　　　　　發行專線 ——（〇二）二三〇六一六八四二
　　　　　讀者服務專線 ——　〇八〇〇一二三一一七〇五
　　　　　　　　　　　　　（〇二）二三〇四一七一〇三
　　　　　讀者服務傳真 ——（〇二）二三〇四一六八五八
　　　　　郵撥 —— 一九三四四七二四時報文化出版公司
　　　　　信箱 —— 台北郵政七九～九九信箱
時報悅讀網 —— http://www.readingtimes.com.tw
電子郵件信箱 —— books@readingtimes.com.tw
第三編輯部
風格線臉書 —— http://www.facebook.com/bookstyle2014
法律顧問 —— 理律法律事務所　陳長文律師、李念祖律師
印刷 —— 詠豐印刷有限公司
初版一刷 —— 二〇一五年三月十三日
定價 —— 新台幣三五〇 元

特別感謝 ——

VIVIBEAUTY
USA

一秒變美人：手殘也ok的美妝技巧、零失誤穿搭術、
精準保養法，明川老師的心機懶人包大公開。
／李明川著. -- 初版. -- 臺北市：時報文化, 2015.03
　面；　公分
ISBN 978-957-13-6172-7(平裝)

1.皮膚美容學 2.化粧術

425.3　　　　　　　　　　　103027082

ISBN 978-957-13-6172-7
Printed in Taiwan

FEEL YOUR
TRUE BEAUTY.

啟動青春開關

提升肌膚活力，
新時代抗老保養，
喚醒內在肌膚的開始。

MOIST UP
LOTION

OIL CUT

ORBIS =U

北市衛粧廣字第10308745號

☎ 0800-525-000 🖥 www.orbis.com.tw

Can The Aging Process STOP With Vitamin C ?

- **W**hat Makes a Topical Vitamin C Product Effective?
- **H**ow to Evaluate a Topical Vitamin C Product?

Skin Firming ·
Anti-Oxidant ·
Inside-out Protection ·
Skin Lightening ·
Anti-Acne ·

L-ascorbic Acid

C₂₅

Inside-out Skin
Protection

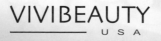